Research and Practice on the Construction of Science and Technology Achievements Transformation System

科技成果转化体系建设研究与实践

汝绪伟 李海波 陈 娜／著

科学出版社
北 京

图书在版编目（CIP）数据

科技成果转化体系建设研究与实践 / 汝绪伟，李海波，陈娜著. —北京：科学出版社，2019.7

ISBN 978-7-03-061647-0

Ⅰ. ①科… Ⅱ. ①汝… ②李… ③陈… Ⅲ. ①科技成果-成果转化-体系建设-研究-中国 Ⅳ. ①G322

中国版本图书馆 CIP 数据核字（2019）第 116901 号

责任编辑：朱萍萍　房旭平 / 责任校对：贾娜娜

责任印制：李　彤 / 封面设计：有道文化

科学出版社 出版

北京东黄城根北街 16 号

邮政编码：100717

http://www.sciencep.com

北京建宏印刷有限公司 印刷

科学出版社发行　各地新华书店经销

*

2019 年 7 月第　一　版　开本：720×1000　B5

2022 年 3 月第三次印刷　印张：12 3/4

字数：258 000

定价：88.00 元

（如有印装质量问题，我社负责调换）

前言 PREFACE

21 世纪以来，全球科技创新活动进入空前密集活跃的阶段，同时新一轮科技革命和产业变革也在重构全球创新格局。党的十八大以来，我国加快推进实施创新驱动发展战略。2016 年全国科技创新大会、两院院士大会、中国科协第九次全国代表大会上，习近平总书记明确指出了我国建设世界科技强国的“三步走”路线图：到 2020 年时使我国进入创新型国家行列，到 2030 年时使我国进入创新型国家前列，到新中国成立 100 年时使我国成为世界科技强国。在党的十九大报告中，习近平总书记明确指出：“创新是引领发展的第一动力，是建设现代化经济体系的战略支撑。”

科技成果转化是科技创新活动全过程的“最后一公里”，科技成果的顺利转化在很大程度上决定了科技创新活动的成败。2018 年，我国科技研发投入总量居世界第二位，专利申报数量居世界第一位，但是科技成果转化率总体偏低。这在一定程度上制约了科技创新对经济和社会发展的支撑作用。为实现建设世界科技强国的目标，加快推动创新驱动发展战略的实施，我们迫切需要加速科技成果转化，推动科技供给侧改革。

党的十八大以来，为加速科技成果转化，我国相继出台了一系列法规政策文件。为适应新形势下推进科技成果转化的要求，2015 年 10 月 1 日起，新修订的《中华人民共和国促进科技成果转移转化法》正式实施；新修订的《中华人民共和国促进科技成果转化法》与《实施〈中华人民共和国促进科技成果转化法〉若干规定》《促进科技成果转移转化行动方案》构建形成从修订法律条款、制定配套细则到部署具体任务的科技成果转移转化工作“三部曲”，国务院及各部委也纷纷出台了多项政策措施，如《教育部　科技部关于加强高等学校科技成果转移转化工作的若干意见》《国有科技型企业股权和分红激励暂行办法》《关于实行以增加知识价值为导向分配政策的若干意见》《关于支持和鼓励事业单位专业技术人员创新创业的指导意见》等，激励科研人员创新创业，促进科技成果转化。2016 年全年，我国技术合同成交额首破万亿元。2017 年 9 月，国务院印发《国家技术转移体系建设方案》，旨在破解当前技术转移体系建设面临的难题，构建符合科技创新规律、技术转移规律和产业发展规律的技术转移体系，进而提升国家创新体系整体效能，发挥好科技成果转化对经济社会发展的推动作用。

本书结合新形势下我国推进科技成果转化的总体部署和战略设计，充分吸收和借鉴国内外关于推进科技成果转化的经验及实践，从科技成果转化体系建设的角度出发，结合山东省科技成果转化工作的实际与实践，进行了成果转化总体评估，探讨了科技成果转化服务平台、服务机构、服务体系建设的相关内容，并结合山东创建国家科技成果转移转化示范区，典型区域、典型机构推进科技成果转化的实践进行了不同角度的分析和探究，以期为推进我国不同区域及山东省科技成果转化工作提供决策咨询参考和借鉴。

本书的撰写工作由多位同志共同完成。其中，汝绪伟负责总体策划、框架设计及各部分撰写内容的终稿审定工作，李海波、陈娜、李钊、李文强、高婷和纪宗华等同志参与了专题研究及书稿撰写。此外，山东省科技发展战略研究所张红波、张强、方涛、陈建、肖雯、费妮等管理科室人员为本书出版提供了帮助和支持。同时感谢科学出版社朱萍萍编辑，她为本书出版做了大量认真、细致的工作。

本书的出版得到了山东省科技发展战略研究所和齐鲁工业大学（山东省科学院）的大力支持，感谢校（院）、所领导的大力支持。

鉴于作者水平有限，书中难免存在一些缺陷和不足之处，恳请读者提出宝贵意见和建议。

汝绪伟

2018 年 11 月

目 录
CONTENTS

第一章
新经济形势下的科技成果转化

第一节　世界发达国家推进科技成果转化状况

为促进科技成果转移转化，世界主要发达国家科研创新机构进行了大量的探索和实践，采取了正确处理与政府的关系、改革运行机制、鼓励科研人员与企业合作、为创新成果寻找市场需求、探索科技成果转化模式等多种措施，推进科技成果转化。

一、美国

美国拥有健全的科技成果转移转化体系。该体系营造了创新的政策环境，对研发成果的归属、专利授权、专利使用费的分配方式、技术转让机构的设立、技术转让的激励措施等都做了系统的规范，有效地推动了科技成果的转移和转化。《拜杜法案》和《史蒂文森-威德勒技术创新法》构建了美国促进科技成果转移转化的主要法律依据。

美国政府层面的技术转移机构是美国国家技术转移中心，提供技术成果转让服务的主要方式有技术转让“入门服务”、“商业黄金”网络信息服务、专场培训服务、发行技术转让出版物服务等。科研机构层面的技术转移机构有美国联邦实验室技术转移联盟、大学技术经理协会。科研机构内部技术转移机构有联邦实验室研究和技术应用办公室、大学技术许可办公室、企业与大学之间的合作研究中心。

20 世纪 50 年代初，美国斯坦福大学建立了斯坦福工业园区（SIP）。斯坦福工业园区的建立，奠定了硅谷高科技中心的基础。硅谷是技术多元化的，其计算机硬件储备、生物制药、信息服务业、多媒体、网络、商业服务等行业处于世界领先地位。硅谷模式的启示主要有：硅谷的企业具有高度的分工；硅谷文化是一种区域文化；区域网络是硅谷保持活力的根源之一；硅谷有斯坦福大学、加州理工学院等一批研究型大学和科研院所作为依托，使“产学研”紧密结合，为其发展提供强大的智力支持，吸引高科技人才，促进科技成果转移转化，引导高科技产业发展。

美国科研机构和大学的技术转移活动主要依靠设立于本机构内部的技术转移办公室。吴飞鸣对美国科技成果转移转化的研究表明，独立的营利性技术转移中介机构在数量上只占总数的 15%。技术转移办公室是进行科技成果评价和估值的执行主体，技术许可协议成为美国大学和研究机构技术转移及知识产权经营的标准模式，成果评价和估值是技术转移过程中不可或缺的重要环节，严密的政府监管保障体系推动美国技术成果转移转化有序发展。美国大学和科研机构技术转移有成果评价估值的主题明确、评估的依据充分、收益分配主权明确、监督和评估机制完善四个特点值得关注。

二、英国

18 世纪的工业革命奠定了当时英国的世界工业强国地位。但在 19 世纪末到 20 世纪初，英国被美国和德国超越，主要原因之一就是学术界崇尚纯理论研究，产研处于相对分离状态，形成了创新困境，即技术创新能力较弱，难以支撑产业发展。这种状况被学术界视为“精于科学，却不擅于创新”。1945 年，英国发表了英国教育史上著名的推动产学研结合的《珀西报告》。根据《珀西报告》，英国政府相继颁布了一系列的政策和法律，进一步推动产学研结合，实施了“三明治”工读交替制[①]的人才培养模式，进一步促进科技成果转移转化。

近些年来，英国大力推进科技成果产业化，提出并实施了两大举措：①成立了英国国家技术创新中心；②构建了高校产学研创新体系。英国促进科技成果转移转化的主要路径有：①以政府为主导，实现国家关键领域的重大产业公关；②以高效为本，实现创新高地的科技成果与经济相结合；③坚持功能联动，注重人才培养与激励，实现科技成果有效转化。英国教学公司模式的实践在加强产学研结合方面做了有益的探索并取得了一定成绩。政府牵头以“项目”形式构建产学研合作信息平台，通过财政上的利益引诱来促使产学有效配对。发挥政府的主导性，消除产学研之间的人为壁垒，激励创新行为并促进创新行为的协同，有效促进产学研合作。提高研究生的工程职业素养，促进科研成果的转化。

三、德国

在知识活动视角状态下，技术中介组织可以分为知识生产类技术中介和知识转移类技术中介两类。德国有德国技术转移中心、德国工业研究联合会等知识转移类技术中介。德国弗劳恩霍夫应用研究促进协会属于知识生产类技术中介。这类知识生产类技术中介开发了具有前瞻性的产业共性应用技术，并通过各种方式向企业提供技术转移服务。

德国弗劳恩霍夫应用研究促进协会专门从事应用型研究，尤其是技术导向性应用研究。它向工业企业、服务行业和公共事业单位提供信息服务，实现科技成果的转让。这种“在政府资助下，以企业形式运作，官产学研相结合，公益性地进行应用科学研究”的独特运营方式逐渐被各国科技界、经济界誉为“弗劳恩霍夫模式”，成为沟通基础研究、应用研究、开发研究的高效平台，以及联结科技界、教育界、产业界、政府界的纽带。

德国史太白技术转移中心成立于 1971 年，是一个成熟的纯市场化转移机

① 学生在校期间就需要到企业去参加实际工作，这种工学结合的教育形式像制作三明治。

构，奉行“企业的伙伴、促进创新的信息和咨询源泉、技术和知识的中心”的宗旨。经过近 50 年的发展，史太白技术转移中心已经由州立技术转移机构发展成为全球化、综合性的技术转移服务提供商，并招揽了一大批志同道合且愿意致力于成果转化的专家、学者。其业务直接面向全球并提供技术与知识转移服务。史太白技术转移中心由总部与各地的史太白专业技术转移中心共同组成。其两大重点业务部门分别为：具有公益性的史太白经济促进基金会和具有营利性质的史太白技术转移有限公司，后又延伸出作为技术转移人才库的史太白大学。

史太白经济促进基金会注重公益性，职能主要是制定统一的服务原则和标准，指导和督促加盟的史太白专业技术转移机构按其规范流程提供服务。史太白技术转移有限公司对各项商务活动、股权变更、扁平化管理、工作效率提升起协助作用。公司负责搭建政产学研联系平台，致力于科技创新的全过程、各阶段监督，向不同客户提供多方位的技术转移服务。史太白大学成立于 1998 年，是德国史太白经济促进基金会的延伸产物，其理念为“通过对人的创新创业能力培养实现知识和技术转移转化为商业价值”，即“双元制教育”模式，目的在于为企业培养优秀人才。史太白大学要求学生必须在毕业前利用所学知识为企业做技术转移项目，只有成功把高校、科研院所的成果转移到企业，为企业带来利润的学生才能拿到学位证。

四、日本

日本科学技术振兴机构的技术成果转移转化具有鲜明的特点。日本科学技术振兴机构有效地聚集政府、大学、企业等资源，在基础研究、技术开发、成果转化等方面实现无缝衔接，有力地引领和带动了日本的经济发展，是目前亚洲最具有活力的科技成果转移转化机构。作为非营利性质的科研机构，日本科学技术振兴机构在其建设初期和发展过程中都得到日本政府强有力的政策支持和资金投入，保障其从事世界级的科学研究。采用了现代管理模式，并经过多年的发展成为世界公共研究机构政府资助企业化运行的典范。日本科学技术振兴机构技术转移的最大特点是合同科研，同时针对客户技术创新过程中不同环节的不同需要提供解决方案，并形成了多元化的技术转移方式。

第二节 我国加速推进科技成果转化步伐

科技是促进经济增长的重要引擎，是提高综合国力的主要驱动力。促进科技成果转化、加速科技成果产业化，已经成为世界各国科技政策的新趋势。促进科技成果转移转化是实施创新驱动发展战略的重要任务，是加强科技与经济紧密结合的关键环节，对于推进结构性改革尤其是供给侧结构性改革，支撑经济转型升级和产业结构调整，促进大众创业、万众创新，打造经济发展新引擎具有重要意义。

党的十八大以来，以习近平同志为核心的党中央把科技创新摆在国家发展全局的核心位置，围绕实施创新驱动发展战略、加快推进以科技创新为核心的全面创新，提出一系列新思想、新论断、新要求，为新时期科技事业发展提供了基本遵循和行动指南，提出了建设世界科技强国的重大战略部署。2016 年中共中央、国务院颁布的《国家创新驱动发展战略纲要》明确提出："我国科技事业发展的目标是，到 2020 年时使我国进入创新型国家行列，到 2030 年时使我国进入创新型国家前列，到新中国成立 100 年时使我国成为世界科技强国。"李克强总理多次召开会议，确定支持科技成果转移转化的政策措施，促进科技与经济深度融合，并多次强调"让科技人员合理合法富起来""给科研人员'松绑'"。李克强在 2018 年两院院士大会上做经济社会发展形势报告时表示，要为科学家开辟绿色通道，加快解决束缚科研人员手脚的课题申报、经费管理、人才评价、成果收益分配等问题。我国科技成果技术转移转化体系建设正在全面提速。2017 年，国务院印发《国家技术转移体系建设方案》，着力构建和完善符合科技创新规律、技术转移规律和产业发展规律的国家技术转移体系。与此同时，国家层面围绕进一步扩大科研人员自主权出台了系列措施，更大地释放了创新活力。在地方层面，各省围绕加速推进科技成果转移转化相继出台政策，着力打通科技成果转化“最后一公里”。

科技成果转化是一项系统工程。尽管近年来我国科技成果转化工作取得了初步成效，有效调动了各类创新主体的积极性，但是我国关键核心技术受制于人的局面没有得到根本性改变，科技成果转化总体能力不强。科技成果转化仍然存在转化不畅的问题，转移转化链条未能有效衔接，体系不健全，资金不到位，存在科技成果转化信息共享不足、专业化服务机构与人才队伍不强、企业主导成果转化应用不活跃、区域成果转化有待强化等问题。面对经济发展新形势，建设世界科技强国，迫切需要加强基础研究和应用基础研究，推进创新链和产业链精准对接，加快科研成果向现实生产力的转化，拆除阻碍产业化的“篱笆墙”，打通成果转化“最后一公里”，真正将科技成果应用到现代化经济发展中去。

第三节　山东省推进科技成果转化面临的形势

山东省各级党委、政府把促进科技成果转化作为实施创新驱动发展战略、全面深化科技体制改革和《山东省国民经济和社会发展第十三个五年规划纲要》的重要内容，出台多项配套改革措施，明确提出要着力打通科技成果转化通道。目前，山东省创新型产业集群载体建设数量位居全国前列，海洋、农业领域科技创新优势尤为突出，并获批建设济青烟国家科技成果转移转化示范区。

近年来，国家和山东省出台了大量鼓励科研院所实施科技成果转化的政策，如《中华人民共和国促进科技成果转化法》《中共中央 国务院关于深化体制机制改革加快实施创新驱动发展战略的若干意见》等。《中华人民共和国促进科技成果转移转化行动方案》明确提出要建设一批国家科技成果转移转化试验示范区，探索可复制、可推广的经验与模式。

作为沿海经济大省，山东省认真落实习近平总书记关于山东省“走在前列”的重要指示精神，大力实施创新驱动发展战略和全面深化改革，加快推动经济文化强省建设。立足于推动山东省走上依靠创新驱动发展之路，为国家推进科技成果转移转化改革探索路径、创新模式、积累经验、先行先试。为促进科技成果转移转化制定出台了多项政策措施，山东省 2014 年搭建了“山东省科技成果转化服务平台”，集成高校、研究机构、企业和中介机构等各类组织及公共科技信息资源加速科技成果转化；2015 年以来，山东省大力扶持科技成果转移转化服务机构发展，相继出台《山东省科技成果转化引导基金管理实施细则》《山东省支持培育科技成果转移转化服务机构补助资金管理暂行办法》《关于深化科技体制改革加快创新发展的实施意见》《山东省科技成果转化贷款风险补偿资金管理暂行办法》《山东省人民政府办公厅转发省财政厅等部门关于改革省属高校科研院所科技成果使用处置和收益管理制度的意见的通知》等政策，具体措施包括“科技成果使用、处置和收益权全部下放给单位”“科技成果转化所得收入全部留归单位，不上缴国库”“科研院所可以以科技成果作价入股方式对外转移扩散”“科技成果转化收益的 70%～95%可以量化分配给为成果转移转化做出重要贡献人员”等。2015 年 7 月，山东省人民政府印发《推进省属经营性国有资产统一监管工作方案》，2016 年 8 月，山东省人民政府印发《省属经营性国有资产统一监管实施计划》。该工作方案和实施计划要求院所国有出资权益要划转山东省国资委直属国有资本投资运营公司（一级企业）统一监管，事业单位不再履行企业国有资产出资人职责，不再以各种名义投资设立经营性企业和经济实体。2018 年，山东省人民政府出台《关于加快全省技术转移体系建设的意见》，紧紧围绕新旧动能转换重大工程和服务创新型省份建设，旨在构建符合科技创新规律和市场经济规律、“政产学研金服用”协同创新、省市县三级全覆盖的技术转移体系。

当前，山东全省科技成果转化政策环境逐步优化，全省科技创新能力进一步增强，为加快建设创新型省份、助推新旧动能转换提供了有力支撑，为推动建设国家科技成果转移转化示范区奠定了良好基础。山东省以实施新旧动能转换重大工程为契机，发挥全省山东半岛蓝色经济区、黄河三角洲高效生态经济区两大国家级发展战略区、山东半岛国家自主创新示范区、黄河三角洲农业高新技术产业示范区两大国家创新改革示范区的功能叠加效应，以建设济青烟国家科技成果转移转化示范区为载体和抓手，全面推进科技供给侧改革，以推动科技成果转移转化助推全省经济高质量发展，促进科技与经济深度融合，全面提升全省科技创新能力，推动产业转型升级。

第二章 国内外科技成果转化的模式与经验启示

第一节　科技成果转化的主要模式

一、自主转化模式

自主转化主要是指高校、企业、科研院所的科研成果从研发到生产都由自己完成的转化模式。这种转化模式既省去了市场交易的手续和费用，又避免了成果泄密和权益所属的问题。并且由高校、企业和科研院所所属人员进行研发与转化，对系统内设施配套的运用更加到位与全面，也加快了设备的更新换代，提高了产品生产的效率与经济效益。但是自主研发并转化对研究和生产的要求较高，不但要有扎实的自主研发能力，还要克服转化过程中的困难，并且要有与市场对接的能力。因此，自主转化模式对高校、企业、科研院所的科研人员、经费、设施条件、保障措施等都有较高的要求，并且这些因素要能够形成一条完整的链条。从国内的转化现状来看，能够自主转化并市场化的机构并不多。

清华紫光和清华同方是国内规模较大的校办企业，主要依托清华大学雄厚的科研实力来进行自主研发与成果转化，是国家和政府重点支持的高新技术企业。但是这种规模的校办企业在国内并不多。这是由于一是没有强大的自主研发能力，二是没有足够的资金和政府支持。

二、技术转让模式

技术转让是指技术商品从一方转到另一方的行为。对输出方而言，叫技术转让；对输入方而言，叫技术引进。技术转让包含专利权转让、专利申请权转让、专利实施许可、非专利技术（技术秘密）转让四种方式。在实际中，主要是指高校和科研院所将自己的研发成果通过转让的方式交给企业，由企业实现成果转化。但是这种转让大多是通过中介服务机构来帮助完成的，高校、科研院所和企业之间并没有长期稳定的合作关系。随着科技成果转化需求的增大，对中介机构的要求也随之提高。

科技中介机构一般包括生产力促进中心、科技企业孵化器、科技咨询评估机构、技术市场、科技情报信息机构及科技风险投资中心等机构。国内科技中介服务机构起步较晚，数量也较少。改革开放以来，中介机构的数量大幅增加。尽管中介机构近年来有了很大发展，但总体仍处于起步阶段，难以满足日益增长的服务需求，服务质量跟不上，也缺乏相应的管理制度。企业在与中介机构进行合作的过程中往往存在成果滞留时间长、产权纠纷等各种问题，导致中介机构的信誉度低。针对这种状况，科技部把 2003 年作为中介服务机构建设年，之后先后研究和制定了一系列政策措施来推进中国科技服务机构的发展，包括税收扶持政策、培育骨干科技中介服务机构、建设公共信息平台、行业协会等。近几年来，国家高度重视科技成果转化工作，出台了一系列政策措施加快中介服务机构的培育发展，也为中介机构和企业合作提供了一定保障，有力促进了科技成果转化。

三、产学研联合转化模式

产学研联合转化是指企业、高校、科研院所合作进行成果转化的方式。产学研协同创新在国内早已进行，但是起初阶段科技成果转化渠道并未完全打通，效果不理想。随着新的产业和企业的不断涌现，产品升级换代加速，企业家们也逐渐认识到研发和创新的重要性，技术创新也成为企业生存发展的核心要素。正是由于高校、科研院所具有很好的理论支撑，而企业具备先进的技术支撑，目前产学研联合促进科技成果转化的模式在全国各地积极开展。

从国外发达国家的经验来看，产学研合作比较成功的有美国、德国、加拿大和日本。美国的产学研合作的特点主要有：大学与政府合作密切；大学与企业合作并由企业直接实现成果转化；资金支持来源广泛，经费保障充足；有专门的产学研合作管理机构。可以看出，美国的产学研合作模式合作紧密，稳定持久，经费充足，应用性强。

德国的产学研合作模式主要根据各个高校的学科特色及企业的需求来形成合作计划。德国重视职业技术教育，注重技术型人才培养。企业与高校密切合作，关注市场走向，共同开发生产顺应市场的科研成果。另外，德国推崇“顾问合作制”，高校老师尽可能地在各大企业担任技术顾问，这也保证了高校与企业技术研发的协调性。

加拿大的产学研合作方式主要有两种。第一种是校企联盟，高校安排学生到专业对口企业进行带薪实习，负责学生成绩考核，企业负责学生工作能力的考核，从两方面促进人才综合能力的培养；第二种是引进企业高层到学校任职，既促进了高校与企业的合作关系，又为企业发展提供了人才与研发保障。

日本对产学研的合作十分重视，把其作为基本国策，认为高校的教育和研发必须是和企业密切结合的。对此，日本推出了一系列相关的政策，如《科学技术基本计划》《教育改革计划》等。另外，日本还建立了一系列制度，如委托研究制度、人员互派制度等，来保障校企合作的稳定性与长久性。

四、高新技术园区集成转化模式

高新技术园区是由政府批准建立的、以发展高新技术为目的的科技工业园区，通过集合智力和技术，依靠经济支撑，吸纳和引进国外先进的人力物力资源、资金及管理模式，制定关于税收和贷款的相关优惠政策，优化创新环境，努力把科技成果转变为生产力，加快科技研发与生产相结合的综合性基地。高新技术园区的界定主要由园区内的产业布局、企业和产业的科技含量、对社会的贡献等因素决定。

美国、日本、德国、法国等发达国家也都有比较成功的高新技术园区集成转化模式值得学习借鉴。国内目前比较有影响力的高新技术园有中关村科技园、上海张江高新技术产业开发区及台湾新竹科学工业园。

美国较成功的产学研合作案例有作为美国硅谷早期发展雏形的斯坦福工业园。斯坦福大学在1951年创建了“斯坦福研究园”，其是美国最早的科技工业园。在斯坦福研究园的基础上，硅谷逐渐强大起来。斯坦福大学在最初的规划上明确指出了斯坦福研究园的模式：①结合斯坦福大学的尖端学科，建立一流的工业和研发中心；②吸引顶尖人才，组建研究团队，培育更多人才；③继续加强基础研究，增强知识储备；④刺激研发积极性，对研发人员制定激励政策。

日本较有影响力的当属筑波大学的高技术科学城。筑波科学城的建设采取国家统一领导、各部门分工协作的管理模式，其中规划、主管都由国家权威机构负责。筑波科学城的建设法规和保障政策也十分健全，不但有针对园区内的法规制度，还有相关的国家、社会方面的法律法规，并对园区内企业的税收、租赁、资金引进等制定了多种优惠政策。日本根据本国的发展环境，充分利用优势，从几个特色的高新技术领域着手研发，并结合国内外环境，选取了新材料、尖端物理、生命科学等领域集成研发，成效显著。日本政府也鼓励筑波科学城内的研发机构与国外合作交流，不断提升新思想、新理论、新成果，最终促成了园区的良好发展。日本政府的成功之处在于其不仅限于园区发展的初期引导，在整个运作过程中也给予很大的支持和帮助。

此外，国际上比较有影响的还有新西伯利亚科学城，是苏联建立的综合性科研基地，集中了30余所科研院所和大学的科研力量；加拿大的卡尔顿高科技区集中了400余所科研院所、高校及企业；德国慕尼黑高科技工业园区，集中了包括德国国家科学院在内的400 余家科研院所和企业；法国格勒诺布尔科技园区包含了8000余家高能物理与电子产业相关的企业和科研院所等。

中关村科技园有海淀园、丰台园、电子城科技园等七个园区，每个园区都有自己的定位和功能。海淀园主要集中了高新技术的研发、孵化、产业化和贸易，其他六个园区主要作为高新技术产业化的基地，在这六个发展区重点规划建设了软件园、生命科学园、上地信息产业基地等多个专业化产业基地。

上海张江高新技术产业开发区采用“一区六园”的发展格局，各分园结合各自的基础条件和特色资源，发展特色产业。目前，张江核心园的集成电路生产制造是国内最大的软件基地之一，有国内最密集的生物医药研发创新基地；漕河泾园引进国内外1200余家高技术企业和研发机构，将电子信息行业水平提升至国内领先地位；金桥园主打电子信息、现代家电、汽车制造等产业；另外，上大园、中纺城园、嘉定园也根据自身条件，形成了各自的产业方向。

第二节 国内科技成果转移转化示范区的建设情况

2016年国务院发布的《促进科技成果转移转化行动方案》中提出：要以创新资源集聚、工作基础好的省（区、市）为主导，跨区域整合成果、人才、资本、平台、服务等创新资源，建设国家科技成果转移转化试验示范区，在科技成果转移转化服务、金融、人才、政策等方面，探索形成一批可复制、可推广的工作经验与模式。科技部制定的《国家科技成果转移转化示范区建设指引》中提出“十三五”期间部署建设10个左右国家科技成果转移转化示范区，打造形成一批政策先行、机制创新、市场活跃的科技成果转移转化区域高地，形成一批可复制、可推广的经验做法。截至2018年年底，科技部已批复建设河北·京南、浙江省、浙江宁波、江苏苏南、山东济青烟、上海闵行、四川成德绵、吉林省长吉图、广东珠三角国家科技成果转移转化示范区。一些地区在推进科技成果转化和国家科技成果转移转化示范区建设方面具有各自的特点，一些好的经验做法可以为山东省推进示范区建设提供学习借鉴。

一、国内科技成果转移转化示范区的经验做法

（一）河北·京南国家科技成果转移转化示范区

河北·京南国家科技成果转移转化示范区以落实京津冀协同创新战略为核心，根据“一区十园”的产业定位和重点任务，积极探索承接京津创新要素外溢转移、与河北产业创新需求对接转化的新模式。其主要做法包括：

（1）高起点谋划石保廊区域改革试验区，争创国家级创新型城市，在科技体制、知识产权保护和运行、金融和人才创新等先行先试。

（2）完善科技成果转移转化机制，在河北科技大学等机构开展试点，探索科技成果的市场定价、收益分配、产权管理和转化评价机制。

（3）布局建设一批创新载体。示范区2016年新建6家省级重点实验室、11家产业技术研究院。截至2016年年底，示范区域升级创新平台达到192家，占到河北全省的1/2。

（4）引进创新人才和创新团队。实施科技英才“双百双千”推进工程，整体引进“综合性细胞及细胞治疗产业国际创新团队”“纳米绿色印刷版产业化京津冀联合创新团队”等10个产业技术创新及高层次人才团队。

（5）促进科技成果转移转化政策落地。出台促进高学和科研院所科技成果转化暂行办法及实施细则，修订《河北省促进科技成果转化条例》，细化领导兼职、在岗创业、离岗创业、个人所得税税收优惠、科技人员创办企业财政支持、中介机构扶持、仪器设备共享等重要内容。提高科研项目间接费用支出比例政策，间接费用中用于人员激励的绩效支出不设比例限制。

（6）通过中国（北京）跨国技术交易大会河北卫星会、重点前沿技术项目路演和对接等活动，加快推进信息技术、先进制造业、节能环保等领域技术成果转化。

（7）着力推动开放协同共建，协调推进雄安新区建设发展，深化与京津的创新合作，加强国际科技合作。

（二）浙江宁波国家科技成果转移转化示范区

浙江宁波国家科技成果转移转化示范区以激发民营经济活力为核心，发挥科技成果转化对产业和企业创新发展的支撑作用，争取在以企业主体推动科技成果转移转化等方面取得新经验、新突破。

宁波市委、市政府将促进科技成果转化作为实施创新驱动发展战略的重要抓手，实施企业创新标准、创新方法及研发准备金制度、新型产业技术研究院及研发组织建设、专业化众创空间及公共研发平台建设、市场化技术转移服务机构培育、自主创新产品应用机制改革、民间资本境外研发创新投资、投贷联动和科技保险、人才分类评价和双向流动改革等 8 项改革试点。在企业主体推动科技成果转化、民间资本投入科技成果转化、科技成果转化推动新兴产业培育等方面先行先试。其主要做法包括：

（1）建立完善普惠性的技术引进转化支持机制，形成以企业为主体的科技成果转移转化体系。截至 2016 年年底，宁波市 70%以上的企业有科技成果转移转化活动。

（2）聚焦新材料、智能装备、电子信息、生命健康等 200 余个细分产业，以经费奖励推动形成细分化、市场化的成果转移转化服务体系。截至 2017 年 2 月，宁波全市已集聚了 500 余个技术经纪人团队、40 余家科技中介服务机构、近 10 家专业化技术转移服务机构。

（3）构建科技成果研发与中试转化的预孵化机制，鼓励支持投资人、行业龙头骨干企业搭建中试实验工场、中试创客平台等载体，提供研发设计、技术孵化、工程熟化、中试转化等全流程、专业化的服务，实现创新与产业化无缝连接，截至 2016 年年底，已经通过一定扶持或奖励政策建成产业技术研究院 60 余家。例如，浙江大学宁波工业技术研究院按照在研项目建立了 26 个中试研发中心，蓝野集团搭建的牙科实验工场已孵化企业 13 家，累计毕业企业 60 家。

（4）打造专业化的创业孵化体系。创新投资开发、运行管理机制，撬动天使投资人、民间资本，建立完善“专业孵化+创业导师+天使投资”的创业企业孵化培育机制，并完善普惠性的创业载体扶持政策，按孵化服务绩效给予一定的经费补助。

浙江宁波国家科技成果转移转化示范区通过先行先试，探索形成了以企业为主体，政府引导、市场化运作、多元化资本结合的协同发展机制。

（三）上海闵行国家科技成果转移转化示范区

上海闵行国家科技成果转移转化示范区着力聚焦在技术网络全球化、科技资源共享化、创新主体多元化、科技服务专业化、军民融合产业化五个方面推进示范。其主要做法具体包括：

（1）发挥政府引导基金作用，筹建上海闵行国家科技成果转化专项基金，引导社会资本投入成果转化早期项目。

（2）聚焦重点产业，推动建立专业化、特色化的创新成果转化平台。整合国内外资源，建设一批专业化、特色化的创新成果转化平台，培育和推动高端装备、人工智能、新一代信息技术和生物医药等主导产业的发展。

（3）提升创新主体的活跃度。深化与国企合作、支持外企开放创新资源、大力扶持民营企业创新发展。推动国资国企与高校、科研院所加强对接，建立以成果转化为核心的多形式联动机制。

（4）着力打通从源头端到企业端的成果转化通道。增强信息、载体、人才、资金、政策等保障支撑。依托国家科技成果信息库，建立上海科技成果信息库，支持高校设立专业化技术转移机构，提升科技中介服务支撑能力；截至2017年年底，上海共有上海交通大学、华东理工大学、上海理工大学等19所高校成立了技术转移中心，其中市属高校12所。12所市属高校技术转移中心共有专职人员40人、兼职人员103人。

（5）推动高校技术转移机制改革，激发科技成果转化积极性。例如，上海大学在已经实施的《上海大学科技成果转化管理办法》中规定，把科技成果转化的学校权益收益的30%划给技术转移中心，用于推进成果转化及相关人员激励。

（6）重视加强技术转移人才培养培训。通过组织开展知识产权与成果转化法律、政策及实务能力等业务培训，提升技术转移队伍的业务素质和水平。

（7）推行科技中介服务创新券试点，并逐步将创新券对接科技成果转移转化全链条服务需求，探索将使用对象拓展至科技成果源头端——面向高校和科研院所，不断提升政策保障能力。

（四）浙江省国家科技成果转移转化示范区

浙江省国家科技成果转移转化示范区以完善科技成果转化市场机制为核心，探索“互联网+”科技成果转化的有效模式。其主要做法包括：

（1）加强示范区建设顶层设计。研究制定示范区实施方案，完善政策体系，优化成果转化生态。研究出台《加快推进“一转四创”建设“互联网+”世界科技创新高地行动计划》《关于补齐科技创新短板的若干意见》等一系列政策文件，设立20亿元的科技成果转化引导基金，重点支持科技成果转化产业化。

（2）深化技术市场体系建设。新设立浙江知识产权交易中心，推动专利技术通过协议定价的方式实现转化。常态化开展科技成果竞价（拍卖）。举办企业技术难题“张榜招贤”，鼓励科技成果市场交易。

（3）强化重大科技成果转化引领，加强重大成果转化项目发现和支持机制。2017年，浙江省人民政府与清华大学签署《关于推进柔性电子技术领域合作的框架协议》，以“一院”“一园”“一基金”模式，加快推进柔性电子技术成果的转移转化，助推浙江省“八大万亿产业”加快发展。

（4）大力鼓励企业转化科技成果。支持企业主导实施科技成果转化项目，计划组织1000项发明专利实施产业化。面向纺织、服装、皮革、化工、化纤、造纸、橡胶、塑料、建材、有色金属加工、农副食品加工等“10+1”传统产业，组织实施一批科技成果转化应用推广，支持企业增品种、提品质、创品牌。大力实施“创新券”制度，激发企业技术创新、科技成果转化的内生动力。

（五）江苏苏南国家科技成果转移转化示范区

江苏苏南国家科技成果转移转化示范区是全国首个以国家自主创新示范

区为核心区域创建的示范区。示范区以苏南国家自主创新示范区、苏南 5 市国家高新技术产业开发区等现有高端创新载体平台为依托，以转化中国科学院等高端科技成果为重点，立足制造业发展需求，聚焦实体经济和新兴产业发展，在依靠科技成果转移转化推动产业发展的新模式、依托产业基地推动高水平创新资源转化的新路径、构建以创新服务助推众创空间集群发展的新平台、以重大科技成果转化专项资金为牵引的多元投入新机制等四个方面开展示范探索。其主要做法包括：

（1）打造产学研协同转移转化体系。截至 2017 年 3 月，苏南地区企业已与中国科学院、清华大学、北京大学、浙江大学及美国麻省理工学院等 500 余家国内外重点高校、科研院所建立长期合作关系，苏南企业与高校、科研院所专家团队共建“校企联盟”5000 余个，每年实施合作项目超过 1 万项。科技成果转移转化成效显著。

（2）大力发展新型研发机构。据初步统计，截至 2017 年 3 月，苏南地区与高校、科研院所共建中国科学院苏州纳米技术与纳米仿生研究所、清华苏州汽车研究院、北大分子工程苏南研究院等各类新型研发机构 189 家，有力推动了科技成果转移转化。

（3）构建科技成果转化市场化服务体系，加快技术产权交易市场建设，发挥科技创新联盟和技术转移联盟作用，加强技术转移和知识产权运营服务机构建设。

（4）提升科技成果转化支撑能力，深入实施“创业中国”苏南示范工程，大力发展科技金融，加快科技金融风险补偿资金池建设，以“首投”“首贷”“首保”为重点，引导社会资本和金融资本支持科技型中小微企业创新发展。

（六）广东珠三角国家科技成果转移转化示范区

广东珠三角国家科技成果转移转化示范区定位为重点围绕国家创新驱动发展战略要求，建设成为辐射泛珠三角、链接粤港澳大湾区、面向全球的科技成果转移转化重要枢纽。其主要做法包括：

（1）构建具有全球竞争力的产业新体系，增强制造业的核心竞争力，推动传统产业创新发展，打造创新型产业集群，提升产业国际化水平。

（2）大力培育高新技术企业。广东将高新技术企业作为实施创新驱动发展战略的“牛鼻子”，着力提升高新技术企业的规模和质量，以此实现“动能转换”。截至 2017 年年底，广东高新技术企业数量超过 3 万家，总量居全国第一。仅 2017 年就新增高新技术企业 11 955 家。

（3）优化创新服务体系。在产业集群中，除了大力发展以公共平台为代表的创新服务体系外，“创新券补助”政策也被各地市普遍引入，借此引导企业加强与高校、科研机构、科技中介服务机构及科技服务平台的对接，激活科技服务市场，提高科研仪器设备使用效率，提升中小企业技术创新动力。

（4）增强创新源头供给，推进国家大科学基础设施和大工程建设。积极推进高水平大学和高水平理工科大学建设，组建新的广东省科学院，组织应用型科技研发。聚焦重大前沿科研领域，投资 50 亿元与中国科学院联合创建珠三角国家大科学中心，在中微子、超材料、基因组、干细胞、移动通信技术等多个领域跻身世界领先水平，成为国家重大科技基础设施项目布局建设最多的省份。

（5）大力发展新型研发机构。截至 2017 年年底，广东省新型研发机构已达 219 家，机构总收入超千亿元，创新能力显著增强。

（6）打造完善的孵化育成体系。科技企业孵化器达 634 家，在孵企业超过 2.6 万家，众创空间达 500 家，逐步建立起“众创空间-孵化器-加速器”的全孵化链条。以广州为例，其在全国范围内最早建立了完善的政策支持体系，秉承“六个一”理念，即创新平台选择符合自身实际的细分行业，在每个细分行业，支持一家龙头企业，打造一个研发平台，设立一支创投基金，组建一个产学研技术创新联盟，建设一个特色园区，形成集众智、汇众力的全要素协同创新生态系统，打造形成全市“众创空间（创业苗圃）、孵化器、加速器”全链条孵化体系。

二、国内科技成果转移转化示范区的经验总结

通过对国内先进地区推进国家科技成果转移转化示范区建设情况的梳

理，我们可以发现，推进示范区建设方面既有建设的共同点，如都十分重视培育企业创新主体、搭建创新创业平台、高层次创新创业人才培养、完善成果转移转化服务体系、发展科技金融、优化成果转化环境等。同时，每个地方又根据自身的实际情况，在建设定位和推进中各具特色，侧重在不同领域探索可复制、可推广的工作经验与模式，为推进我国科以技成果转化工作探索不同模式和可行路径，积累宝贵经验。

第三节 国内典型科研机构科技成果转化模式

我国国内科研机构围绕加快科技成果转化积极探索不同的成果转化模式，这里，介绍国内几家典型科研机构科技成果转化的模式。

（一）中国科学院西安光学精密机械研究所模式

中国科学院西安光学精密机械研究所与政府和社会资本联合建设了一个大型孵化器。政府还参与设立了多只基金，通过基金推进公司设立，科研团队控股51%以上，基金占股10%～30%，基金持股随公司发展状况而发生变化。中国科学院西安光学精密机械研究所以科技成果作价入股（一般估值较低）、科研团队全部以现金入资成立企业。截至2017年年底，中国科学院西安光学精密机械研究所已经设立了100余家企业，其运行模式为：办企业，不管企业；参股但不控股，科研团队占大股。中国科学院西安光学精密机械研究所科技成果转化模式是目前科技成果转化模式的成功典范。

（二）浙江大学模式

浙江大学技术转移中心是负责浙江大学技术转移转化服务的非法人单

位，挂靠在浙江大学工业技术研究院下面。该中心在全国成立了 81 个分支机构，大部分为独立法人，山东枣庄分支机构正在筹建中。浙江大学技术转移中心体制机制比较灵活，所需经费采取自收自支的方式，学校派出兼职人员兼职不兼薪，除部分事业编制人员负责科研外，还聘用了多名企业编制人员。浙江大学技术转移中心研发成果主要以转让和许可方式给企业使用，协议约定 70%的收益归科研团队，30%的收益交回学校；少部分采用科技成果作价入股，股权 70%归科研团队、30%归学校，学校的部分再由全资公司代持。

（三）浙江海外高层次人才创新园模式

为吸引海外高层次人才，浙江省、杭州市和杭州市余杭区投资建设了浙江海外高层次人才创新园（简称海创园），以优惠扶持政策吸引海外专家。海创园将人事关系放在浙江大学，人和平台在海创园，主要功能是孵化高科技企业。政府为支持引进海外高层次人才，于 2011 年出台了《浙江海外高层次人才创新园政府补助项目管理办法》等系列政策，给予海创园最高 600 万元的购买研发设备及研发费用补助，最高 150 万元的办公用房租赁补助，最高 500 万元高新成果奖励，不低于 1∶1 的重大专项配套支持；提供投融资创新服务，最高 500 万元银行贷款贴息，高新成果产业化项目最高 600 万元政府跟进投资；给予海外高层次人才最高 300 万元安家补助，国家“千人计划”人才四级专项奖励 400 万元。海创园同时配建国际医院和国际学校，解决海外高层次人才的后顾之忧。

（四）浙江西湖高等研究院模式

浙江西湖高等研究院是西湖教育基金会发起设立的民办非企业单位。浙江西湖高等研究院的定位是新型非盈利高端科研机构。该机构学习、借鉴了南方科技大学模式，采用灵活的民营体制机制，内部去行政化，不设行政级别，根据岗位进行设置和招聘。研究院设置了 30 余个级别的薪酬体系，下一级薪酬可能超过上一级的薪酬。浙江西湖高等研究院于 2015 年 12 月正式成立。

其运行思路为科教融合，创办高定位、高起点的研究院，聘请顶级科学家、国家“千人计划”专家及其他顶尖人才领衔组建生物学、基础医学、理学和前沿技术四个研究所，开展前沿基础科学研究和培养博士研究生。在西湖高等研究院基础上，西湖大学于 2018 年 4 月正式成立。西湖高等研究院初期组建的生物学、基础医学、理学、前沿技术四个研究所作为西湖大学学院和学科的发展基础。目前浙江西湖高等研究院所需费用主要由企业捐赠，但用于教育的捐赠只能部分抵税，影响了企业捐赠的积极性。

（五）浙江中科院应用技术研究院模式

浙江中科院应用技术研究院是浙江省人民政府的直属事业单位，由浙江省、中国科学院和嘉兴市共建，前身是 2004 年 11 月成立的中科院嘉兴应用技术研究与转化中心。整个研究院园区占地 500 亩，由嘉兴市政府出地、出资建设，研究院免费使用。浙江中科院应用技术研究院采用事业单位企业化运营模式。采用事业单位体制，主要是便于政府拨付经费。浙江中科院应用技术研究院共有事业编制 350 人。浙江中科院应用技术研究院的主要功能是帮助转让中国科学院的技术成果给当地企业，每年技术成果成交额达 3000 万～3500 万元，其中通过技术交易市场成交占 10%左右，大部分技术交易通过直接对接洽谈实现，浙江中科院应用技术研究院收取 5%交易提成。科研团队可通过兼职形式带着可转化的技术成果入驻园区孵化企业，科研团队个人必须出资 200 万元左右，成立公司后政府以各种形式补助 1500 万～2000 万元。截至 2017 年年底，浙江中科院应用技术研究院以该种方式共孵化企业 33 个，个人出资总额 7481 万元。浙江中科院应用技术研究院每年申请国家级、省级课题等经费 5000 万元左右，嘉兴市政府补贴运营经费 3000 万元左右。

（六）中国科学院上海高等研究院模式

中国科学院上海育成中心是民办非企业单位，负责中国科学院上海高等研究院的科技成果转移转化工作，采用资本、管理和科研成果深度融合创新转化模式，注重系统集成技术、多技术叠加的高新技术成果的转化。中国科学院上海高等研究院体制较灵活，通过专职或兼职形式广泛吸引国内外大专家，引进人员若 2～3 年考核没有达到预期目标将自行离开，形成优胜劣汰机制。中试采用与企业合作的模式，中试成功后由企业直接产业化。中国科学院上海高等研究院与中科招商投资管理集团成立了一只规模 10 亿元的科技成果转化基金，基金暂由中科招商投资管理集团负责募集（首期出资 2 亿元，已投两个项目 5000 万元）。该基金中，中国科学院上海高等研究院不直接出资，获赠 3% 的股份，中国科学院上海高等研究院技术团队和管理团队现金出资占 27%股份，中科招商现金出资占 70%股份。

（七）上海科学院模式

上海产业技术研究院是民办非企业单位，负责产业共性技术的研发和科技成果转移转化，尤其注重盘活上海科学院系统的科技资源和成果。上海产业技术研究院开办资金只能是企业捐赠，事业单位不能捐赠。政府不能直接拨款给上海产业技术研究院，但设立了财政专项资金。政府先将专项资金拨付给上海科学院，上海科学院再以购买服务的形式拨付给上海产业技术研究院。科研院所人员允许在上海产业技术研究院兼职，兼职不兼薪，但成果转化收益可以参与分配。

（八）中国科学院上海生命科学研究院模式

中国科学院上海生命科学研究院生物化学与细胞生物学研究所实力很强，其中的知识产权管理中心负责知识产权管理、转移转化和产业管理工作。该研究所目前主要做生命科学基础研究。研究所科技成果转化主要采用许可或转让方式，很少采用作价入股方式。这是由于药的中试投入巨大，基本都是联合药厂中试，很少自己中试和自行产业化。

（九）黑龙江科学院模式

黑龙江科学院采用“无偿转化、有偿服务”的模式，先期梳理了全院

2000余项科技成果，无偿提供给企业实施转化（非转让）。如果无偿提供给企业但企业也不接受，则说明某些科技成果严重脱离市场需求，从而引导科研项目面向企业需求。如果部分科技成果无偿提供给企业使用后从成果转化中获益，之后企业会主动提供经费要求继续合作开发新的技术和产品。这样合作，前期是无偿的，后续是收费的。另外通过这种形式与企业进行对接，黑龙江科学院真正了解到企业市场需求，从而使科研项目立项以企业需求为导向。目前，黑龙江科学院科研项目立项80%来自企业需求。黑龙江科学院高技术研究院（全额拨款的事业单位，开展基础研究和应用基础研究）与黑龙江对俄工业技术合作中心（自收自支事业单位）两家单位联合办公。黑龙江对俄工业技术合作中心下设企业——哈尔滨对俄高端技术转移孵化中心，开发产品收入50%用于分配给团队个人，技术服务收入扣除成本后35%用于分配给团队个人。

第三章
山东省科技成果转化情况评估研究

第一节　山东省科技成果转化的主要做法与成效

新修订的《中华人民共和国促进科技成果转化法》自 2015 年 10 月 1 日起正式施行。2016 年，国务院先后又颁布了《实施〈中华人民共和国促进科技成果转化法〉若干规定》《促进科技成果转移转化行动方案》等系列政策文件。山东省委省政府相继出台多项重大政策措施，加快推动创新驱动发展，全面推进科技成果向现实生产力转化，全省科技成果转化工作取得显著成效，为全省转方式调结构提供了有力支撑。

一、宣传优化法制政策环境

加强学习宣传，营造有利于法律实施的良好舆论氛围。新修订的《中华人民共和国促进科技成果转化法》颁布实施以来，山东省各地高度重视加强学习宣传，通过新闻媒介宣传、政策宣讲培训、树立先进典型等方式积极营造良好的舆论氛围与创新环境。例如，山东省烟台市通过宣传科技成果转化和产业化先进典型，在市属高校、科研院所等单位重点开展促进科技成果转化法专题学习等活动，营造科技成果转化法推进实施的良好氛围。东营市开设"创新东营"电视访谈节目和报纸专栏，推出"创新驱动名师讲堂"系列报告会，加大对科技政策的讲解和宣传；编印宣传册，发放给东营全市科技型企业进行学习，有力提升了科技人员对科技创新及成果转化相关法律政策的认知度。其他各地政府及有关部门也分别采取不同方式，开展了相关学习宣传，为山东全省进一步深入贯彻落实促进《中华人民共和国促进科技成果转化法》营造了良好的政策舆论和法律实施环境。

科技成果转化的法制政策环境逐步优化。围绕促进科技创新创业、整合各类科技服务资源、加速成果转移转化，山东省先后制定出台了《关于贯彻国发〔2014〕49 号文件加快科技服务业发展的实施意见》《关于加快全省技术产权交易市场发展的意见》《山东省科技型小微企业知识产权质押融资暂行办法》等一系列政策措施。2015 年以来，山东全省累计出台科技成果转化相关政策近 20 项，为全面促进科技成果转化提供了政策保障。济南市制定了区域性科技创新中心建设指标体系和三年行动纲要，出台了《发挥省会优势打造科技人才创新创业高地的若干政策措施》（即"济南科技十一条"），鼓励科技人员创新创业，加快科技成果转化。青岛市出台了《关于大力实施创新驱动发展战略的意见》，提出了一系列促进科技成果转化新措施。例如，将成果转化作为职称评审和岗位考核的重要依据、横向与纵向课题指标要求同等对待、推进国家科技成果标准化评价试点工作、鼓励科技成果在技术交易市场公开挂牌交易等。同时青岛市还出台了《促进科技成果转化技术转移后补助资金管理办法》，以后补助的方式激活科技中介市场，大大提高了科技成果转化效率。

二、创新能力提升，强化创新驱动发展战略区域实施

创新能力的提升为科技成果的转化奠定了坚实的基础。根据山东省科技统计年报，2017 年，山东全省研究与发展（R&D）经费支出占生产总值的比重达 2.41%，全省规模以上高新技术产业实现产值 5.5 万亿元，占规模以上工

业产值的比重为 34.8%；截至 2018 年年底，全省高新技术企业数量达 8800 家，全省产值过千亿元创新型产业集群达到 8 个。2018 年，山东全省发明专利授权量 2.0 万件，全省共登记技术合同 3.45 万项，成交金额突破 856.87 亿元，同比增长 58.21%。根据科技部《中国区域创新能力评价报告 2018》，山东省创新能力居全国第六位。2018 年，山东省获得国家科学技术奖励 24 项，科技成果保持了较高的质量与水平。围绕健全科技人才管理体系，服务成果转化工作，大力实施科技人才推进计划，加快构建创新创业人才、青年人才、杰出青年人才、拔尖人才和领军人才等相互衔接的多层次、全方位科技人才计划体系。据 2018 年山东省国民经济和社会发展统计公报，截至 2018 年年底，山东省拥有住鲁两院院士 48 人，国家“千人计划”专家 234 人，国家百千万人才工程人选 176 人，享受国务院政府特殊津贴专家 3260 人。

加强创新驱动发展战略区域实施，为科技成果转化提供了广阔的区域空间。围绕“蓝区”建设，推动高水平建设山东半岛国家自主创新示范区，以青岛海洋科学与技术试点国家实验室为核心，聚集海洋科技创新与服务平台，加快建设国际一流的海洋科学中心。以海洋科技创新引领海洋产业发展，积极打造海洋科技产业集聚区，加快建设国家级海洋科研成果转化基地，以蓝色经济引领带动全省经济发展。围绕“黄区”建设，会同东营市积极推进国家级黄三角农高区创建各项工作，扎实推进“渤海粮仓”科技示范工程，构建农业科技园-省级农高区-国家农业科技园-国家级农高区四级联动、梯次升级的农业科技创新平台体系，充分发挥山东省农业科技创新优势，大力推进农业科技成果转化，推动山东省高效生态农业全面健康发展。

三、发挥企业在科技成果转化中的主体作用

加大关键核心技术攻关与创新产业集群培育，为科技成果转化打好基础。加大关键核心技术攻关，围绕发展海洋经济、促进粮食增产、保障信息安全、提升装备水平和防止大气污染等重大科技需求，组织实施“透明海洋”科技创新工程、小麦增产科技支撑计划等一批重大科技工程，加大对制约山东省经济

转型发展重大关键技术的支持力度，一批核心关键技术取得突破。加快培育创新产业集群，打造成果转化链条。围绕战略性新兴产业发展和传统产业转型升级，落实山东省人民政府产业转型实施方案要求，制定出台了《关于加快推动创新型产业集群发展的意见》，加强产业集群发展顶层设计，加快培育创新型产业集群，为山东省经济转型发展、提质增效提供了有力支撑。

推进科技型小微企业创新发展。加大对科技型小微企业创新发展的支持力度，不断完善“创新券”政策，降低大型科学仪器入网标准，提高对小微企业科学仪器设备服务的适用性；小微企业对创新券的需求呈现快速增长态势，2016 年山东省全省共发放超过 1.5 万份的创新券，补助 4800 余万元。

加快科技企业孵化器专业化建设。制定《关于加快推进全省科技企业孵化器专业化发展的实施意见》，加快科技企业孵化器专业化建设，山东全省孵化器面积达 400 余万平方米，设立的孵化资金总规模超过 12 亿元，累计孵化企业超过 1 万家，聚集各类创新创业人才 11 万余人。

推进企业与高校、科研院所全方位、多层次产学研合作。不断强化企业技术创新和成果转化主体地位，积极创新企业与高校、科研院所产学研合作模式，通过联合开展关键共性技术攻关、共同组建创新平台及新型研发机构、产业技术创新战略联盟等方式，加强企业与高校、科研院所产学研协同创新及成果转移转化。“十二五”以来，山东省以技术转化为重点全面深化与中国科学院合作。截至 2016 年年底，中国科学院在山东省建立了 11 个分所，共建了 124 个科技创新平台，推动 1500 余项科技成果在山东省转化实施。通过与中国科学院共同实施中国科学院科技服务网络（STS）计划，联合开展现代农业领域关键技术攻关，山东全省已累计研发各类新技术、新品种等 110 余个；西王集团与中国科学院金属研究所创造了产学研合作的“西王模式”，建立了以股权为纽带的全面产学研合作关系，共同打造了国内首条“清洁智能化制备高端装备用特殊钢示范线”。同时，山东省以高层次人才合作为重点全面加强了与中国工程院合作。截至 2018 年年底，山东全省共布局建设省级院士工作站 547 个，吸引 300 余位院士及其团队与山东省企业开展产学研合作，帮助企业解决技术难题及转化高科技成果，取得显著的经济与社会效益。

以企业为主导，汇集全球资源推动科技成果转化。积极拓展全球科技合作交流渠道，建设科技合作与交流服务平台，通过“项目-人才-基地”的一体化建设，有效推进高质量成果的转化和落地。例如，威海市每年举办国际科技合作交流对接会议 10 余次，截至 2018 年年底，累计与 30 余个国家和地区的 70 余所高校及科研机构建立科技合作关系，通过建立国家级国际科技合作基地、企业建立境外研发中心等方式，有力促进了国际科技合作水平的提升和技术成果的转移转化。青岛市加快集聚国际高端创新要素，初步构建形成国际产业转移和承接平台。引进世界创新百强企业日东产业株式会社设立中国首个研发中心，与德国史太白大学签署共建国际技术转移中心协议，筹备海尔海立方与史太白签约共建中德孵化器；与澳大利亚联合共建中澳研究院，与美国、欧盟、加拿大、以色列等的 30 余个重点合作项目全面展开，大大加快了成熟技术走出去和海外先进技术引进来。

四、引导和激励科研院所、高校转化科技成果

2016 年度山东全省高校、科研院所以转让、许可、作价投资等方式转化科技成果 252 项，通过转化成果直接收入 12 393 万元。近年来，山东省不断完善科技成果转化机制，先后制定出台了《山东省人民政府关于加快科技成果转化提高企业自主创新能力的意见（试行）》和《关于改革省属高校科研院所科技成果使用处置和收益管理制度的意见》等政策文件，强化创新激励引导，将省属高校、科研院所对持有的财政资金形成的科技成果的使用权和处置权下放给成果单位，单位主管部门和财政部门不再审批备案，明确科技成果转化收益的 70%～95%可用于奖励在科技成果完成和转移转化中做出重要贡献的人员与团队，有效调动了科技人员的创新积极性，推动了科技成果转移转化。山东省内一些高校、科研院所针对推进科技成果“三权”改革，积极出台有关政策，激励科研人员开展科技成果转化。例如，山东省科学院、山东省农业科学院等科研单位起草制定了规范科技成果使用处置和收益管理，促进科技成果转化实施的具体管理办法。这些政策的出台实施，为进一步增强科技人员创新创业和科技成果转化的积极性提供了重要保证。

五、科技成果转化载体建设的新成效

从山东全省来看，科技成果转化载体的建设不断加快，创新创业服务能力不断提升。2018 年，山东全省省级以上科技企业孵化器有 275 家，众创空间 578 家，其中国家级分别为 84 家和 203 家，数量均列全国第三位。山东省科技成果转化服务平台功能不断完善，会员单位发展到 1843 家，技术经纪人队伍增加到 364 人。2018 年，山东全省共登记技术合同 34 554 项，成交金额 856.87 亿元。山东全省知识产权代理服务业加快发展，山东省被列入国家知识产权局促进专利代理行业加快发展试点省份。截至 2018 年年底，山东全省专利代理机构总数达 80 家、分支机构达 106 家、执业专利代理人达 620 人、拥有全国知识产权服务品牌机构 6 家。从地市来看，山东省内各地市也十分重视科技成果转化的平台载体建设，为加速科技成果转移转化提供了有力支撑。济南市由市政府、山东大学、省科技厅三方共同成立山东工业技术研究院，推动高校、企业、科研机构等"产学研"结合和成果转移转化，为济南市乃至山东省实体经济发展和工业转型升级提供支撑。同时筹划建设山东复旦研究院济南成果转化中心，积极吸引济南市和山东全省产业转型发展急需的高水平成果到中心进行孵化。青岛市积极发挥"海洋科技城"优势，通过市场专业化、机构专业化、队伍专业化和服务专业化的模式，着力建设国家海洋技术交易市场，全力打造海洋科技成果转化技术转移的集聚区。截至 2018 年年底，东营市建成国家级科技企业孵化器 5 家，围绕有色金属、橡胶轮胎、石油装备等传统优势产业构建了 13 家产业技术研究院，成为提升东营市行业整体创新能力的重要载体。

六、科技成果转化资金支持力度不断加大

大力发展科技金融，积极拓宽科技型小微企业融资渠道。根据山东省科技厅统计，2017 年，山东全省 130 余家小微企业获得知识产权质押融资 8.47 亿元，为帮助科技型小微企业解决融资难题发挥了重要作用。为加快科技金融深度融合发展，更好地发挥财政资金的引导放大作用和市场在资源配置中的决定性作用，山东省先后出台了《山东省科技成果转化先导资金管理暂行办法》

《山东省科技成果转化引导基金管理实施细则》等一系列政策，不断加大科技成果转化的资金支持力度。山东省内各地市也持续加大科技成果转化投入，积极发挥财政资金杠杆作用，引导社会力量参与成果转化。例如，青岛市搭建科技金融超市，不断开发创新金融产品，创新财政科技投入方式支持成果转化，组建全国第一个专项用于海洋科技成果转化的基金，以“做市商”的方式活跃技术市场交易，引导专业化技术转移机构由传统咨询中介服务向资本运作转型，有力支撑了科技创新创业。枣庄市由市财政设立 5000 万元自主创新专项资金用于扶持优势产业自主创新及科技成果转化。各地的这些积极举措增强了对科技成果转化的资金保障，促进了山东全省的科技成果转化。

第二节　山东省推进科技成果转化面临的困难与问题

多年来，山东省高度重视科技成果转化政策的贯彻落实。虽然科技成果转化工作取得了一定成效，但仍存在科技成果转化政策体系不完善、科技人才在成果转化过程中积极性不高、科研单位研究成果与企业需求不够融合、成果转化投融资机制尚不健全、科技成果转化中介服务机构不强等一些制约成果转化的问题，主要表现在以下几个方面：

（一）科技成果转化政策体系不健全

1. 政策贯彻落实难

从各地反映情况来看，国家、省、市针对促进科技成果转化出台了一系列政策措施，但在政策贯彻落实过程中，缺乏具体的落实细则，对各地市及各职能部门贯彻落实国家和山东省关于科技成果转化的政策情况缺乏统一、规范的考量标准和有效的约束。一些政策法规执行过程中存在政策“打架”、地区差异等现象，制约了科技成果转化。

2. 成果转化政策支持体系尚不够健全

科技成果转化涉及研发、中试、工业化试验、示范推广多个阶段，成果转化政策尚需加强全链条设计，进一步统筹完善。科技成果转化人才评价体系亟须建立完善，改变只重论文、专利、项目、经费、奖励的现象。成果转化收益分配对科技创新人员的激励作用还比较小，各地各单位关于科技成果“三权”改革的具体政策出台及落实力度仍不够，影响了广大科技人员的创新及成果转化积极性。

（二）企业科技创新和成果转化的主体地位不明显

企业是科技与经济结合的战略支点，山东省企业技术创新和成果转化主体地位还不够突出。

1. 企业创新与成果转化投入不足

从全省来看，山东省西部欠发达地区的研发投入强度总体偏低，一些地区的科技成果推广、转化主要依赖政府和企业参与、争取上级给予的科技项目，严重滞后于科技成果转化的需求。

2. 企业自主创新能力不足，具有国际竞争力、引领产业发展的创新型领军企业缺乏

企业高层次科技创新人才及创新团队缺乏，拥有的自主知识产权和自主品牌的产品不多，导致产品单一，缺乏竞争优势和持续发展的能力。

3. 企业科技成果产业化承载能力不强

科技成果转化的关键在于吸收全社会 70%以上从业人员的中小微企业，企业生存压力使得大多数中小微企业的决策者追求短期行为，习惯于模仿创

新来获得相关技术，很多企业经营者在成果转化过程中怕“投入”，同时由于资金、人才、技术、信息、创新意识等的欠缺，转化新成果能力有限，给新的科技成果推广转化带来了障碍。

（三）高校、科研院所科技成果转化体制机制不顺畅

高校、科研院所成果转化率总体水平较低。根据山东省科技厅对全省高校、科研院所科技成果转化情况统计，2015 年度山东省共计取得 4856 项成果，但完成转化的只有 622 项，转化率只有 12.8%，科技成果未能有效转化为实际生产力。

1. 缺乏专业性成果转化组织

山东省大部分高校、科研院所未设立独立的从事科技成果转移转化的机构，科技人员在进行成果转化时各自为战，缺乏相关部门协调和配套制度，科技成果转移转化管理不规范，服务不到位。

2. 高校、科研院所仍存在重“成果”轻“转化”现象

多数高校、科研院所等开展创新活动的产业化导向不强，主要研发方向与地方经济社会发展的需求不一致。科研人员的考核制度依旧没有大的改变，科研人员评价还主要体现在论文发表、获奖数量等方面，缺乏成果转化等相关指标的引导。

3. 成果转移转化过程不通畅

在成果转移转化中，还存在成果供给方与需求方的信息不对称、利益诉求不一致、合理人才流动机制不健全等问题，阻碍了成果转化实施。

（四）科技成果转化资金支持专业化体系尚未建立

1. 成果转化资金支持多以财政引导，社会力量参与较少

这种体系难以满足科技成果转化的需要，尤其对于高新技术成果、不确定

性较高、成熟性较低成果的转化和落地形成制约与障碍。

2. 各地区科技投入不均衡

有的县区科技支出很少，成了“公用帽”“万金油”，用于科技成果转化的资金更是少之又少。

3. 成果转化环节投入不足

从风险承受上考虑，企业对新技术的投入谨小慎微。对于高校和科研院所来说，自身不具备自我转化的资金实力，组织进行科技成果中试试验的能力不足，严重影响到科技成果转化的成熟度和规范性的提升，影响了科技成果转化的质量。

（五）科技成果专业转化服务能力有待提升

1. 成果转移转化服务体系尚不健全

近年来，尽管各地生产力促进中心、技术转移中心、成果转化中心、大学科技园、创业孵化器等成果转移转化服务机构快速发展，但科技中介服务机构和科技成果转化人才队伍建设滞后于市场需求，服务成果转移转化能力仍较薄弱。

2. 科技成果的评价体系尚不健全

科技成果价值评估、风险投资、技术经纪、技术权益保护、技术市场基础设施建设等方面缺乏力度和集成，对科技成果的发展、成熟、壮大、成果交易形成阻碍。

3. 未形成有效的科技成果转化市场体系

一方面缺乏专业规范的技术中介机构与人才来消除成果转移转化信息不对称，推动科技创新要素流动，保障成果有效转化；另一方面，政府部门之间尚未形成健全的成果转化推动协调机制，限制了市场配置资源决定性作用的发挥。

第三节　加快推进山东科技成果转化的建议举措

一、加强政策法规体系的完善和监督落实

加快推进科技成果转化，离不开政策法规体系的基础保障，需要不断完善促进科技成果转化的政策法规体系。主要做法包括：

（1）积极跟进落实国家促进科技成果转化有关法律政策，做好山东省促进科技成果转化条例修订工作。

（2）落实好有关优惠政策。把落实科技优惠政策作为鼓励科技创新的重要手段，加强对企业关注的科技创新税收优惠政策的落实和督查力度。健全优先使用科技创新产品政府采购政策，鼓励国内外科技创新成果、高新技术产品在山东省落地转化、形成产业。

（3）加强高校、科研院所重大科技成果转化收益分配制度的落实监督。激发科研机构创新活力，建立现代科研院所治理结构，开展理事会、学术委员会、管理层各负其责的法人治理结构改革试点，加快科技成果使用处置和收益管理改革，充分释放高校、科研院所促进成果转化的活力，充分调动激发科技人员的成果转化积极性。

（4）强化政策落实情况的绩效考核评价。将科技成果转化相关政策落实的情况纳入对各级领导班子、各部门领导政绩的考核指标中，强化科技成果转化成效的量化考核。

二、提升科技成果转化管理服务水平

（一）加强科技成果的信息统计

开展应用类科技项目成果及基础研究中具有应用前景的科研项目成果信息汇交，鼓励非财政资金资助的科技成果进行信息汇交，畅通科技成果信息收集渠道。

（二）加强科技成果转化绩效考核

实施科技成果转化年度报告制度，根据各地市及单位科技成果转化统计及年度报告情况，对科技成果转化绩效予以评价，并将评价结果作为对其予以支持的重要参考依据，提高科技成果转化统计与报告工作质量。

（三）建立科技成果信息系统

加强科技成果数据资源开发利用，完善科技报告共享服务机制，促进科技成果转化。

三、完善促进科技成果转化的配套政策

加快推进科技成果转化，需要逐步建立健全、科技成果评价、科技人才分类评价、科技成果转化激励等方面的配套体系。主要做法包括：

（1）完善现有科技成果评价机制，推进科技成果评价标准化、规范化、专业化。进一步健全科技成果评价体系，加快建立科技成果分类评价的模式，在山东全省范围内进一步引导标准化评价向规范化、专业化、市场化的方向发展。

（2）建立科学的人才分类评价机制，科技成果转化人才强调效益评价，注重经济效益、社会效益和生态效益。

（3）完善科技成果转化激励机制。对受托承担山东省重大科技成果转化任务、进入示范性国家技术转移机构范围的专业服务机构，山东省财政一次性给予最高 600 万元奖励。在山东省内转化山东高校和科研院所科技成果，经认定

登记的年技术合同成交额达2000万元以上，且促成不低于5项重大科技成果转化的技术转移机构，山东省财政给予最高50万元的经费补助。鼓励高校和科研院所建立专业化技术转移机构，允许提取不低于10%的成果转化收益用于机构绩效奖励，中级、高级专业技术岗位分配向技术转移机构倾斜，激发全社会积极参与科技成果转化的积极性。

四、健全科技成果转化服务体系

（一）健全省、市、县三级科技成果转化工作网络

强化科技管理部门开展科技成果转移转化的工作职能，加强相关部门之间的协同配合，探索适应地方成果转化要求的考核评价机制。

（二）积极培育发展各类科技服务机构

扶持发展技术转移、检验检测认证、创业孵化、知识产权等科技服务机构，培育一批有影响力的中介机构品牌，引导科技中介机构积极参与成果转移转化活动。

（三）强化科技成果转移转化人才队伍建设

加强省、市、县之间的上下联动，建立省、市、县（市、区）三级科技成果转化服务队伍，依托有条件的地市和机构建设一批技术转移人才培养基地，推动专业化技术经纪人队伍建设。

（四）建立完善区域性技术转移服务体系

落实山东省“两区一圈一带”等重大战略，支持地方和有关机构建立完善区域性、行业性技术市场，构建不同层级、不同领域技术交易有机衔接的新格局，进一步加强重点区域间资源共享与优势互补，提升跨区域技术转移与辐射功能。

五、建立多元化的科技成果转化投入机制

（一）发挥省财政对科技成果转移转化的引导作用

建立财政引导、社会参与的科技成果转化投入机制，发挥山东省科技成果转化引导基金等的杠杆作用，采取设立子基金、贷款风险补偿等方式，带动引导金融资本、民间资本等社会资本加大对科技成果转化的投入。在山东省国家级高新技术产业开发区开展私募股权融资试点，建立领投跟投机制，通过政府引导基金领投，引导民间资本跟投，促进科技成果转化。

（二）加大地方财政支持科技成果转化力度

引导和鼓励地方设立创业投资引导、科技成果转化、知识产权运营等专项资金（基金），建立面向科技成果转化的科技项目投融资机制，支持区域重点产业科技成果转移转化。

（三）进一步完善风险投资机制

建立省市两级财政主导的科技成果转化贷款风险补偿机制，引导银行金融机构为科技型中小微企业实施科技成果转化提供资金支持。调整优化政府风险投资领域，扩大支持科技成果转化投资的比例。

（四）大力推进科技金融发展

建设省级科技金融服务平台，加快区域性科技金融服务平台或一站式服务中心布局，符合条件的纳入省级创新公共服务平台计划予以支持。探索科技和金融结合的新模式和新路径，加快济南市、青岛市国家促进科技和金融结合试点城市建设。积极引导银行金融机构支持成果转化，支持银行探索股权投资与信贷投放相结合的模式，为科技成果转移转化提供组合金融服务。

六、以协同创新促进科技成果转移转化

（一）实施协同创新计划

由政府科技管理部门牵头，推出企业、高校、科研院所协同创新计划，明确协同责任和义务，遴选重点、难点研究方向，共同开发，促进重大科技成果的培育及科技成果的快速转化。

（二）强化企业科技成果转化主体作用

推进以企业为主导，联合高校、科研院所联合设立研发机构或技术转移机构，共同开展研发、成果应用与推广、标准研究与制定等，促进成果快速转化、产业化。

（三）积极拓宽国内科技合作渠道

全面落实与中国科学院、中国工程院的合作协议，深化与国内著名高校的多方位合作，促进高水平技术和成果到山东省转化。加快推进中国科学院山东产业技术协同创新中心落户济南市，构建辐射山东全省的中国科学院技术转移服务网络。支持德州市、聊城市、滨州市、东营市面向北京市、天津市开展以成果转移转化为重点的科技合作，积极融入京津冀地区协同发展。

（四）深化军民科技融合

实施“民参军、军转民”科技计划，支持高校、科研院所和企业的创新成果和产品列入国防采购目录。承接国防科技储能释放，加强重点领域军民两用技术的引进和消化吸收，提升相关领域技术实力。省市共同支持具备开放条件的军事院校、科研单位和军工集团来山东省共建军民科技协同创新平台，积极创建军民科技融合创新示范基地。组建国防知识产权转移转化山东中心，承接国防知识产权的转移转化。设立“军转民”技术成果转化基地，促进国防科技成果在山东省转移转化。

七、突出科技创新和成果转化的引导与示范

（一）组织开展优秀科技成果转化项目评选，加大对重大科技成果转化的支持力度

每年筛选一批转化特色鲜明、成效显著、具有典型示范意义的项目，加大对重大科技成果转化及产业化项目的奖励支持力度，发挥其激励引导作用，让更多的创新成果源源不断地涌现和高效转化。

（二）加大对科技成果转化服务机构的支持力度

组织开展科技中介服务机构的考评，采取后补贴等方式，对优秀专业技术转移转化机构给予支持，推进成果转移转化中介服务机构不断发展壮大。

（三）组织实施中试基地建设试点

加强科研中试基地建设，实现研发、中试、转化和产业化一体贯通，有计划、有重点地建设一批省级科技成果中试基地，采取土地优惠、加计扣除、奖励贴息、后补助等优惠政策予以支持，全面促进科技成果在山东省落地转化。

第四章
山东省科技成果转化服务平台与服务机构建设研究

第一节　国内科技成果转化服务平台建设研究

一、国内科技成果转化服务平台建设情况

国内一些省市围绕科技成果转化，探索建立政府引领、多方共建、资源共享、功能完备、高效服务的平台运行机制，建设了具有不同区域特色的网上技术市场、产学研合作平台等形式的科技成果转化服务平台，在提升各自区域科技成果转化的服务能力和服务功效、促进技术交易、加快科技成果的转化方面发挥了重要作用，如中国技术交易所科技成果转化平台、浙江网上技术市场、科易网、西安科技大市场等。另外，国内部分省市也探索建设了各区域的政产学研合作平台，如湖北省产学研合作与创新服务平台、安徽省产学研网上对接和交易平台、江苏省产学研合作网等。

（一）主要平台情况

中国技术交易所科技成果转化平台按照“资源共享、渠道共用、分工协作、互惠互利”的原则，聚拢各类创新要素资源，为科技成果转化提供高效、低成本的集成服务。该平台主要具有成果汇总、评估评价、投资孵化、政策集成四大职能。

通过十余年建设，浙江网上技术市场已为供需双方搭建起科技资源统筹平台。据了解，截至2018年，浙江省已经累计培育认定省级重点技术中介服务机构106家，培养具有专业知识的技术经纪人800余名。

科易网由厦门中开信息技术有限公司于2007年5月创建，定位为技术转移全流程平台与创新服务体系提供商。科易网是科技部授予的全国首个国家科技成果转化服务示范基地、国内首批现代服务业创新发展示范企业、国家技术转移示范机构、中国创新驿站区域站点。科易网通过资源整合建立了数以几万计的多维度的技术专题与专家能力点，满足中小企业的个性化需求。历经多年努力，积累了丰富、有效的科技资源。截至2018年年底，网上可交易技术成果26万余件，企业120余万家，专业机构2万余家，合作科研院所1000余家，在全国构建了区域科技平台78个，运营区域技术市场45个，网上在线技术交易额累计达37.5亿元。

西安科技大市场是由西安市科学技术局和西安高新技术产业开发区管委会共建的科技资源公共服务平台，具有技术交易、设备共享、政策服务、交流合作四大功能。

（二）主要平台的特点

这些科技成果转化服务平台既有共性特点，又各具特色（表4-1）。

表4-1 国内科技成果转化服务平台的特点

平台名称	共同点	平台特色
中国技术交易所科技成果转化平台	坚持政府引导、市场配置，将电子商务与技术转移有机结合，打通技术转移全流程服务。实现会员注册与管理、信息查询、信息发布、统计分析、线上线下相结合等基本服务	资源丰富，拥有技术交易服务中心、知识产权服务中心、科技金融服务中心、股权激励咨询服务中心、技术合同登记服务中心、区域合作、财务结算部七大业务平台
浙江网上技术市场		以企业技术难题需求拉动技术供给，以技术买方市场带动技术卖方市场。拥有会员中心、信息发布、信息浏览、虚拟展馆、成果拍卖、在线洽谈、招投标厅、合同中心、各级市场九大板块

续表

平台名称	共同点	平台特色
科易网	坚持政府引导、市场配置，将电子商务与技术转移有机结合，打通技术转移全流程服务。实现会员注册与管理、信息查询、信息发布、统计分析、线上线下相结合等基本服务	首创了技术交易价格评估系统、在线展会服务体系、技术交易服务系统，实现企业不出办公室、专家不出实验室在线同步洽谈对接，解决技术交易双方资金担保支付、技术安全交付、线下服务规范等三大节点问题，提高科技成果转化成功率
西安科技大市场		建有“一网一厅”，“一网”即是技术市场网络服务平台，汇集高校院所、科技企业、服务机构在人才、设备、技术、成果、资金、服务等各类科技资源供求信息；“一厅”是技术市场的服务大厅，设有成果展示、项目发布、科技服务、交流洽谈等功能分区，可提供技术交易、企业融资、设备共享、人才创业、知识产权等多种创新性服务

综合分析来看，主要有以下几方面：

（1）会员注册与管理功能。各网站平台均提供了会员注册功能和管理功能，会员可以进入会员管理中心维护自己发布的信息和自己单位的有关资料。会员中心具有小型办公系统的作用，为每个会员提供与该会员类型匹配的信息。

（2）信息查询和浏览功能。网站可以对会员发布的技术成果信息、技术难题信息、技术需求信息、专家信息、科技融资信息、人才信息、中介机构信息、高校院所信息、孵化器信息、政策法规信息等进行查询和浏览，通过关键字快速检索查询结果。

（3）信息发布功能。作为网上技术市场的供需双方，对相关信息进行发布，发布信息包括会员本身信息、技术成果信息、技术难题信息、人才信息、企业信息、最新资讯、高校院所信息、政策法规信息、中介机构信息等，发布的方式有图片、文字、视频等；对发布的信息进行浏览和分类查询，信息分类可以按照行业、技术领域、地区进行分类查询。

（4）线下活动和线上相结合信息展示功能。线下的技术交易发布会、专题研讨会、项目推介会、成果申报通知及技术交易市场组织的技术经纪人会、协调人研讨会等市场活动相关的计划、方案、实施、总结、往期回顾的内容信息都发布到网站平台，形成线下活动和线上相结合的模式，有利于信息的传播和宣传效应。

（5）统计分析功能。对线上和线下的技术供需信息进行统筹分析，利用多样化的数据分析方法，实现对平台数据的统计分析，实现科技资源数据（包括专家、高校、中介机构、技术经纪人数量）的统计；交易数量包括合同总额、技术开发项、技术转让、咨询服务数量的统计；成果数据包括成果总量、挂牌数量、成交数量、成交金额数据的统计。

二、国内科技成果转化服务平台建设经验借鉴与启示

国内先进省市围绕科技成果转化，在优化“政府引导、市场配置”的运作机制、提高科技资源集成和综合利用能力方面，通过建设各具特色的网上技术交易平台、产学研合作平台等载体，在提升区域科技成果转化能力方面发挥了重要作用，具有以下借鉴意义和启示。

（一）各地政府重视科技成果转化服务平台建设

从各省市平台建设现状来看，各地政府都非常重视科技成果转化平台建设，科技成果转化服务平台正在逐步推进和建设中。各地都意识到科技成果转化公共服务平台建设的重要性。平台建设对于加强科技成果转化资源的整合和共享、降低科技成果转化的成本、提高科技成果的转化率具有重要意义。充分发挥科技成果转化服务平台和网络的重要作用，是当前加快科技成果转化、提高科技成果转化率不可或缺的内容。例如，青岛技术交易市场、西安科技大市场都建成了“一厅一网”，即既有技术交易市场服务大厅，又有技术交易网上服务平台，形成科技成果网上交易、网下对接相结合，具有交易、交流、服务、融资等多功能的综合性区域技术交易市场。

（二）强化平台网上服务功能，形成网上网下结合的立体体系

各地科技成果转化服务平台建设各具特色，功能完备程度参差不齐。青岛蓝海技术交易市场网络服务平台、浙江网上技术市场、西安大市场、科易网等

功能比较完备，具备了科技资源集成、共享、在线交易、政策服务等比较完善的技术转移全流程服务功能；安徽、江苏、湖北等省的产学研合作平台基本都具有信息资源集成、发布的功能，但在线交易的功能尚不完善。综合运用云计算、大数据、电子商务技术、地理信息技术等现代信息技术，逐步完善科技成果转化相关信息集成与发布、网上洽谈及交易、科技成果展览展示、网上支付、数据统计等功能，实现科技成果发布、转化、交易、网上支付等一站式服务，正成为当前科技成果转化服务平台的建设发展趋势。这对促进科技信息流通与共享、活跃技术市场、推动科技成果转化具有重要作用。

（三）积极完善配套政策措施，营造良好科技成果交易环境

各地为了促进科技成果转化服务平台发挥更大作用，吸引更多科技成果通过平台实现有效转化，纷纷强化服务保障和政策支持。

青岛市出台了全方位扶持科技中介的政策《青岛市促进科技成果转化技术转移专项补助资金实施细则》，对科技中介机构、技术经纪人培训、技术交易量和高等院校成果转化进行补助。出台了《技术合同服务点评定和管理办法》、《技术转移服务机构评定和管理方法》和《技术经纪人从业资格管理办法》，全面开展中介机构和技术经纪人培训、认定和考核。同时推进政事分离，采用政府购买服务的方式取消了技术合同认定登记费，全面放开、盘活技术合同服务市场。

为了加快完善科技中介服务体系，浙江省探索建立百家优秀技术中介组织按交易实绩激励性补贴的机制，加强科技与金融的合作，改革财政补助方式，建立风险补偿机制，引导金融资本投向科技创新。

科易网坚持以优质服务和良好的客户体验来吸引服务机构自主进驻平台，实现核心资源由会员自主发布，通过资源整合建立了数以几万计的多维度的技术专题与专家能力点，满足中小企业个性化需求。

西安大市场为了加快科技成果转化，建立了市场化运作机制、专业化人才队伍、创新性政策支撑、强大服务功能的一体化保障体系，并出台促进技术交易、

设备共享的补贴政策，特别是对企业购买技术的补贴政策，在全国属于首创。

（四）平台整体设计有待完善，尚需建立统一建设机制和运作机制

全国各省市平台的建设主导部门不一，有的在经信部门，有的在科技部门，各地科技成果转化的相关平台建设有的存在一定的重复性，缺乏统筹规划和科学设计。科技成果转化是一种跨部门、跨领域的合作，经济部门、科技部门、教育部门各有科技成果转化的工作优势。从目前各地实践来看，尚需从总体设置上进行顶层体制、机制设计。

第二节　山东省科技成果转化服务平台建设研究

为了进一步完善和提升科技成果转化服务平台功效，不断优化科技资源配置、加速知识流动和技术转移，更好地发挥科技成果转化服务平台作用，有效促进科技成果转化，作者对山东省青岛市、山东省济宁市、浙江省、陕西省等省进行了调研，对国内科技成果转化服务平台的建设情况进行了深化研究。

一、山东省科技成果转化服务平台建设情况

为了深入贯彻落实《国家中长期科学和技术发展规划纲要（2006—2020年）》和《2004—2010年国家科技基础条件平台建设纲要》，山东省陆续颁布了《山东省技术市场条例》和《山东省科学技术进步条例》，出台了《山东省人民政府关于加快科技成果转化提高企业自主创新能力的意见（试行）》和《山东省人民政府关于加强知识产权工作提高企业核心竞争力的意见》。近年来，山东省技术交易市场呈现市场活跃、成交总额逐年递增的良好态势。据山东省技术市场管理服务中心统计，山东省技术市场合同交易额以较快增长

率逐年递增，2018 年全省共登记技术合同 34 554 项，成交金额 856.87 亿元。山东省技术交易市场涌现出一批具有示范带头作用的科技成果转化平台，如山东省科技成果转化服务平台、山东省产学研网上合作对接平台、鲁南技术产权交易中心、青岛蓝海技术交易市场、青岛蓝智技术产权交易中心等。

各个科技成果转化服务平台建设既有共同特点，又各具特色，具体如表 4-2 所示。

表 4-2　山东省各个科技成果转化服务平台

平台名称	共同点	平台特色
山东省科技成果转化服务平台	平台建设突出政府引导、市场化运作模式，注重以网络信息技术与电子商务技术结合助推科技成果转化与技术转移，目前基本都能实现技术供需信息、人才供求、政策信息的资源共享与发布	围绕“转化、服务、平台”三大主题，集成各类科技信息资源，提升服务质量，跟踪成果产出，加速成果转化，提高企业自主创新能力，打造国内领先的科技成果转化服务平台
山东省产学研网上合作对接平台		基于 B/S 结构的公共服务平台，提供包括新闻政策资讯、产学研资源、技术供求、人才供求、融资供求、仪器设备、企业咨询等多项服务
鲁南技术产权交易中心		提供科技成果转让、合作（委托）开发、实施许可、技术入股，企业股权（产权）转让、增资扩股、专利技术、专有技术及技术产权交易等服务
青岛蓝海技术交易市场		“政府、行业、科技中介和技术经纪人”四位一体的技术市场服务体系。已形成“一厅一网”的服务模式。已初步形成科技成果网上交易网下对接相结合，技术、资金、人才相融合的良好局面
青岛蓝智技术产权交易中心		山东省首家市场化运作的技术交易市场，重点突出海洋科技和电子信息特色。将率先在高校、科研院所的成果挂牌转让、科技成果转化基金运作等方面有所突破

山东省科技成果转化服务平台是山东省科技厅依托技术市场管理服务中心建立而成的。自 2014 年 3 月正式上线以来，截至 2017 年，该平台共发布技术供给和技术需求信息 6077 条，拥有会员企业 2197 家，科技专家和技术经纪人 6797 名。

山东省产学研网上合作对接平台是由山东省经信委和山东省科学院联合开发建设的。该平台于 2012 年 12 月正式开通运行来，截至 2014 年 9 月，总访问量达到 42 945 次，日均访问量达到百余次，注册普通用户达到 1400 余家。平台运用信息化、网络化手段加快推进山东省企业技术创新，加快推进山东省产学研合作。

鲁南技术产权交易中心是由济宁市政府主导建设的，由济宁市科学技术局具体管理，于2012年年底正式投入使用。该中心配套五个业务平台，分别是技术转移服务平台、企业管理服务平台、知识产权服务平台、融资服务平台和信息化支撑平台。

青岛蓝海技术交易市场于2013年10月28日正式投入运营，已建成“一厅一网”。“一厅”是指青岛技术交易市场服务大厅，“一网”是指蓝海技术交易市场网络服务平台。该平台通过云数据、云存储、云服务技术与方式，开展科技成果和企业技术需求发布、对接、洽谈、交易、第三方支付、科技金融和各项优惠政策落实等网上业务，以网络信息技术与现代商业模式支撑助推科技成果转化与技术转移。

青岛蓝智技术产权交易中心是山东省首家市场化运作的技术交易市场，于2014年5月正式落户青岛市崂山区。该中心是由青岛市产权交易所和青岛海大新星计算机工程中心联合组建的，重点突出海洋科技和电子信息特色，以市场化、全程化、专业化、资本化、国际化为运营模式，打造立足青岛市、辐射山东省、面向全国的蓝色科技成果转化平台。

二、山东省科技成果转化服务平台建设工作思考

截至2018年，山东省科技成果转化服务平台建设已经完成数据整理入库、平台基础架构的搭建，建设了信息发布子系统、数据加工管理子系统、平台管理子系统，实现了会员、科技成果、专家、技术难题等信息的综合管理、权威发布和查询等。为进一步发挥平台的作用，需要以强化山东省科技成果转化服务平台建设为重点，以政策创新、服务模式创新为途径，营造技术市场良好发展环境，全面推动技术市场健康快速发展。

（一）科学统筹规划，建设科技成果转化服务平台

按照“统筹规划、分步实施、数据先行、规范交易、提高功效、强化服务”的指导方针在平台一期实现会员、科技成果、专家、技术难题等信息的综合管理、权威发布和查询等功能的基础上，加快二期工程建设进度，优化完善平台功能，提升建设水平，加强数据库、自动对接、信息定制、网上洽谈及交易、

科技成果展览展示、网上支付、数据统计等系统的开发建设，充分发挥平台的功效和作用，促进科技信息流通与共享，活跃技术市场，推动科技成果转化。

（二）建立健全平台运作机制，提升平台运营保障能力

坚持开放性的管理理念，建立健全"政府引导、市场配置"的运作机制，把科技成果转化服务平台打造成一个开放的平台，不仅注重山东省内技术成果的交易转化，也积极吸引国内外的先进技术、科技人才为企业服务，使科技成果转化服务平台成为区域创新发展的科技大超市。加快完善技术市场健康发展的保障机制，营造有利于技术转移的环境，进一步整合规范技术市场。加快推进技术市场监督体系建设，规范市场秩序，抓好平台运营队伍建设，打造一支懂科技、懂产业、懂市场、懂法律的高素质队伍，把科技成果转化服务平台管理好。不断完善功能，提升水平，优化和提升平台功效，为技术成果交易提供强大的服务功能，促进技术市场健康发展。

（三）加大配套政策支持力度，营造良好的技术市场环境

南京市、深圳市出台了技术转移促进条例，湖北、陕西等十余个省市制定了技术转移促进行动实施方案，设立了技术转移专项资金。山东省除青岛市以外，均未设立技术转移专项资金，缺少对技术市场的资金投入。在落实《山东省技术市场条例》和现有国家技术市场税收优惠扶植政策的基础上，进一步研究和完善健全技术转移机制，制定对技术交易各方进行资助、后补助或奖励的政策，充分调动技术交易双方的积极性，加快山东全省技术市场发展。提高金桥奖评审质量，结合省级金桥奖的评审，树立技术市场典型，营造良好的技术市场氛围。

（四）抓好技术市场队伍建设，健全技术转移服务体系

围绕山东全省技术市场发展的整体规划，紧密结合山东省各类人才计划，

制定和实施面向未来的人才战略，加快培养一批懂技术、善经营、会管理的技术市场人才，特别是吸引和集聚一批精通技术、投资、市场等技能的高层次人才。主要需要从以下四方面入手。

（1）鼓励高校、科研院所建立技术转移中心，推动科技成果通过平台进行转化。

（2）大力培育和发展技术评估、成果认证、法律咨询、科技融资等服务体系。

（3）完善技术经纪人、科技咨询师等专业培训和执业资质考核认证工作体系。针对山东省技术经纪人素质低、高端人才缺乏的状况，实施培训工程，举办技术市场管理人员和技术经纪人培训班，提升技术市场人才队伍素质。

（4）充分发挥省级技术市场协会、环渤海技术转移联盟的作用，采用市场化的方式搞好技术咨询、技术服务，维护行业权利，进一步凝聚各界力量，促进技术市场繁荣发展。

（五）发挥平台的载体作用，创新技术市场服务模式

发挥平台的载体作用，创新技术市场服务模式主要包括以下几个方面。

（1）创新工作模式，充分发挥科技成果转化服务平台的作用，把技术信息发布、买卖双方谈判、签订技术合同及技术合同登记、人才培训、技术市场队伍联络等管理工作移到网上完成。

（2）建立技术市场的全程服务链条体系，以加速技术转移为目标，构建需求导向的知识产权、技术交易、专业咨询等全程技术转移服务体系。

（3）强化专业化、个性化的服务能力，提升技术市场专业化服务水平。

（4）提升服务层次，培养高端服务能力，支持开展技术成果价值评估、知识产权战略及技术标准服务、品牌建设服务、高端创业团队评估和管理服务、商业模式创新、产业发展趋势、竞争性情报、国际合作等高端增值服务，支撑山东省技术市场向高层次、高水平迈进。

（六）丰富数据资源，增强数据挖掘与分析应用能力

完善平台数据库，增强数据共享和智能分析能力，为未来建设山东省科技大数据分析系统奠定扎实的基础；依托技术交易市场各类数据库资源，对平台数据进行综合分析，以形象直观的可视化方式对山东省历年的技术供需成交情况、重点科技成果或难题成交情况进行专题分析，加强对技术市场工作的分类指导，为技术市场发展提供决策服务。

第三节　科技成果转移转化服务机构建设研究

一、山东省科技成果转化服务机构建设基本情况

为促进科技成果转移转化，山东省制定出台了多项政策措施。2014 年搭建了“山东省科技成果转化服务平台”，集成高校、研究机构、企业和中介机构等各类组织及公共科技信息资源，加速科技成果转化；2015 年以来，山东省大力扶持科技成果转移转化服务机构发展，相继出台《山东省科技成果转化引导基金管理实施细则》《山东省支持培育科技成果转移转化服务机构补助资金管理暂行办法》《关于深化科技体制改革加快创新发展的实施意见》《山东省科技成果转化贷款风险补偿资金管理暂行办法》等政策，全面深化科技体制改革，加快推进科技成果向现实生产力转化，对科技成果转移转化服务及技术转移转化机构建设予以支持，培育和壮大已有的科技成果转移转化服务机构。山东省科技成果转移转化工作取得显著成效，为全面促进科技成果转移转化提供了重要的政策保障，为全省转方式调结构提供了有力支撑。

（一）科技成果转移转化服务机构总体情况

1. 管理体制方面

山东省科技成果转移转化服务机构主要分为高校、科研院所、科技系统的内设机构、社会组织、企业服务机构。高校大多设立了专门的技术转移转化机构，有的是单独建制，如设在了科研管理部门，有的成立了技术转移转化领导小组，大多数是科研管理部门承担了技术转移工作，并有专人负责；科研院所相对比较简单，科研创新与成果转移转化融为一体，科研的目的就是要转化，相对高校来说，科研院所的转化积极性更高，成果转化成功率较高，科技成果交易额相对较好；国有企业、民营企业和社会组织等转移转化机构，更多关注的是经济效益，主要是开展技术服务和技术咨询，但由于自身科研参与度不够，与高校和科研院所的联系不够紧密，技术成果储备量不足，缺乏对科技成果与企业需求的准确了解，转移转化服务中存在一定困难。

2. 运行机制方面

2014 年以来，山东省不断完善科技成果转化服务机制，先后制定出台了一系列政策文件推进科技成果“三权”改革，一些高校、科研院所也针对推进科技成果“三权”改革，积极出台有关政策，激励科研人员开展科技成果转化。

从调研情况看，在落实《促进科技成果转移转化行动方案》和《中华人民共和国促进科技成果转化法》等政策方面，山东省内各地大都建立了相应的技术转移转化机构或平台。有的高校设立专门的企业化运作机构，如山东大学、中国石油大学等拥有科技园公司，进行技术转移和转化工作。因涉及知识产权问题，高校和科研院所基本都制定了一系列转移转化规章制度，规范管理技术转移工作，严防国有资产流失，确保技术转移工作健康运行，技术转移成效得到提高，杜绝了因资产界定不明晰而造成的法律纠纷。

（二）科技成果转移转化服务机构工作进展情况

2017 年，山东省技术市场管理服务中心组织了对全省 50 家有代表性的科技成果转移转化服务机构调研。从调研情况来看，50 家科技成果转移转化服务机构发展势头比较好，科技成果转移转化收入 2014 年度为 193 761.3 万元，2015 年度为 207 769 万元，2016 年度为 224 295.71 万元（图 4-1）。2016 年度较 2014 年度增长了 15.76%，较 2015 年度增长了 7.95%。其中较好的是高校和科研院所科技成果转移转化服务机构（图 4-2）。

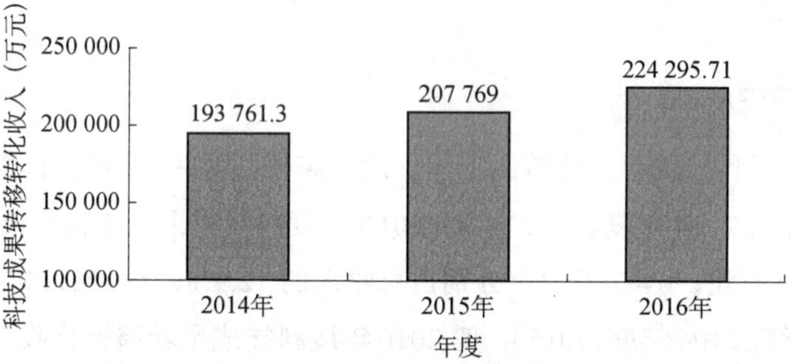

图 4-1　2014～2016 年度科技成果转移转化收入

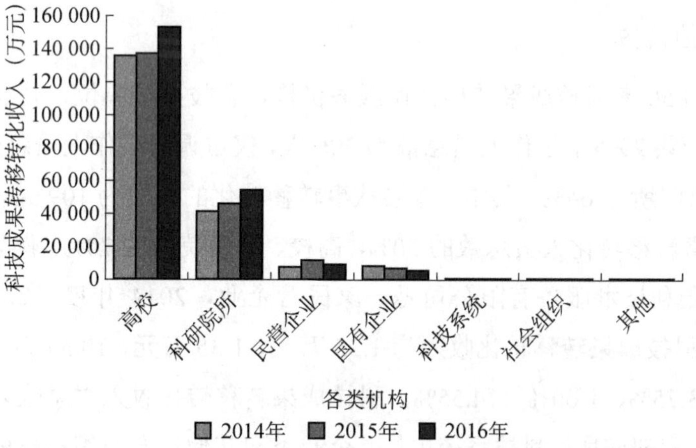

图 4-2　2014～2016 年度各机构科技成果转移转化成效

1. 高校

高校和科研院所科技成果转移转化工作做得比较好，这主要得益于科研与转移转化融为一个整体。高校中，山东大学 2014～2016 年承担山东省企业技术课题 1216 项，到位横向科研经费 2.85 亿元，承担山东省重大公关任务 1283 项，到账经费 2.65 亿元。青岛理工大学 2014 年度科技成果转移转化收入 5197.87 万元，2015 年度收入 4107.14 万元，2016 年度收入 4139.78 万元，分别占科研总收入的 72.38%、65.14%、67.47%。中国石油大学是特色专业高校，专业性较强，本身就面向应用技术的研发，与经济实体的发展需求结合比较密切，2014 年度、2015 年度、2016 年度科技成果转移转化收入分别为 45 161.8 万元、31 883.5 万元、23 395.6 万元，分别占科研总收入的 74.6%、56.4%、44.2%。

2. 科研院所

科研院所科技成果转移转化工作仅次于高校。其中，山东省科学院海洋仪器仪表研究所 2014 年度、2015 年度、2016 年度科技成果转移转化收入达 1548 万元、6200 万元、6443 万元，分别占总收入的 12.9%、42.4%、47.8%。山东省药学科学院 2104 年度、2015 年度、2016 年度科技成果转移转化收入为 1887.9 万元、3344 万元、3708 万元，分别占总收入的 59.4%、74.5%、69.7%。

3. 其他机构

调研的 50 家科技成果转移转化服务机构，科技系统单位、企业类和其他社会组织一共 29 家，工作人员总数为 306 人，仅占调研工作人员总数的 36%，高校、科研院所占 64%。其中，直接从事转移转化的人数为 109 人，仅占调研中直接从事转移转化人员总数的 30%，高校、科研院所占 70%。例如，东营市森琼兰东专利技术服务有限公司是一家民营企业，2014 年度、2015 年度、2016 年度科技成果转移转化收入为 1.35 万元、1.35 万元、10.39 万元，分别占总收入的 3.75%、1.60%、14.55%，科技成果转移转化收入占总收入的比例远低于高校、科研院所。科技系统单位、企业类和其他社会组织科技成果转移转化服务机构缺乏高层次研发人才，所承担的研发项目也比较少，科研配套设施建设不齐全，导致自身科研参与度不够，科技成果转移转化能力比高校、科研院所弱一些。科技系统单位、企业类和其他社会组织科技成果转移转化服务机构在能力建设方面正在积极发展，不断完善科研配套设施建设，引进高层次研发人才，从业人员整体业务素质也在不断提高，加强对政策及科研业务知识的学习和积累，熟悉并了解科研过程，时刻关注专业领域技术突破，着力提高科技成果转移转化成效。

为把科技成果转移转化工作更好地开展下去，应进一步提高科技成果转移转化机构规模数量。科技成果转移转化机构质量参差不齐，高校、科研院所等的高层次研发人才比较聚集，研发资金投入多，承担的省级、国家级课题也比较多，科研配套设施齐全；科技系统单位、企业类和其他社会组织等机构相较高校、科研院所，存在高层次研发人才少、承担的课题和研发项目比较少、科研配套设施不齐全、自身科研参与度不高等状况。

二、山东省科技成果转移转化服务机构建设存在的问题

从调研情况看，各科技成果转移转化服务机构在自身发展和业务开展方面总体较好，但是也存在一些共性和个性问题，由于单位性质、发展情况不同，问题也各有差异。

（一）缺乏科技成果转移转化服务机构的细化政策

1. 缺乏具体的科技成果转移转化细则

各地在政策贯彻落实过程中，缺乏统一、规范的考量标准和有效的约束，有的存在政策“打架”、地区差异等现象。

2. 激励政策力度不够，转移转化服务机构缺少积极性

科技成果转移转化难度较大，投入人力成本和时间成本较高，投入与转化收益不成正比，导致后续更注重申请对个人支撑和学术地位有影响作用的国家重大课题，不愿再承担应用型科研项目，影响技术转化成效。

3. 缺乏优化合理的税收政策

科技成果转移转化过程中个人所得税过高，目前科技成果转移转化收入

与科研人员工资挂钩，成果转移转化收入现金奖励计入工资薪金所得征收个人所得税；在关键技术研究领域，还存在对技术服务类项目征税。过高的税收会增加科技成果转移转化成本，也严重影响了相关技术团队从事科技成果转移转化的积极性。

（二）科技成果转移转化服务机构人才队伍薄弱

1. 科技成果转移转化人才队伍建设滞后

科技中介服务机构和科技成果转化人才队伍建设滞后于市场需求，服务成果转移转化能力仍然薄弱。

2. 缺乏复合型从业人员

山东省高校、科研院所科技成果转移转化从业人员多为科研人员兼职，在知识产权保护、市场营销、商务谈判等方面的专业能力弱。同样，企业从业人员不懂科研，缺乏专业知识。这些导致他们不能很好地适应科技成果转移转化工作。

3. 缺乏合理人才流动机制

科技成果转移转化服务机构与企业之间人才合理流动仍缺乏有效保障，懂科研的技术人员未深入了解企业，不能充分考虑市场需求，研究成果与实际需求不对称，不能真正与市场需求接轨。

（三）科技成果转移转化服务能力需提升

1. 缺乏对科技成果价值评估服务

山东省缺乏权威性的科技成果价值评估服务体系，科技成果价值未合理体现。科技成果价值虽然都委托具有资质的第三方评估机构进行，但在具体操作中，评估机构受诸多因素的制约，并未能独立自主地开展相关科技成果的价值评估，有时其评估的价值并不能真正体现科技成果的实际价值。科技成果的持有单位缺少内部科技成果的价值咨询或评估体系，更多的是与科技成果的受让方（合作方）进行协商而确立科技成果的价值。在这种机制下，也很难真正确立科技成果的实际价值。

2. 尚未形成有效科技成果转移转化市场体系

科技成果价值评估、风险投资、技术经纪、技术权益保护、技术市场基础设施建设等方面缺乏力度和集成。同时政府部门间尚未形成健全的成果转化协调机制，影响了现有成果转化政策实施效果，限制了市场配置资源决定性作用的发挥。

3. 缺乏更加便捷的移动客户端服务平台

移动智能客户终端软硬件发展迅猛，逐渐成为人们工作生活必不可少的一部分。科技成果转移转化服务机构还缺乏更加便捷的移动客户端服务平台，阻碍科技成果转移转化服务能力的提升。

三、科技成果转移转化服务机构建设的对策建议

（一）健全科技成果转移转化服务机构政策体系

1. 制定可操作性强的科技成果转移转化细则

依据国家、省市科技部门等机构出台的促进科技成果转移转化相关政策，各部门均需尽快制定可操作性强、符合科技成果转移转化实际的细则或办法，以消除各部门间的政策壁垒，统一规范管理和完善科技成果转移转化服务机构。这其中，既要有区域服务机构的重点布局，又要有激励一般服务机构发展规范，以确保山东省服务机构的规范发展。

2. 制定科技成果转移转化服务机构从业人员“奖励”体系

完善奖励制度建设，提高科技成果转移转化从业人员工作积极性。

3. 推动政府相关部门制定税收优惠政策

落实企业技术转让减免所得税政策，并在资金、项目上给予相应的扶持，降低企业的科技成果转移转化成本，减轻企业在初创期或发展期的负担。

（二）加强科技成果转移转化服务机构人才队伍建设

1. 着力推进科技成果转移转化人才队伍建设

完善人才引进制度，打造一支面向市场需求的科技成果转移转化人才队伍，推广科研人员服务基层行动计划，动员高校、科研院所、企业的科技人员及高层次专家深入企业等机构开展技术咨询、技术服务、成果推广等科技成果转移转化活动。

2. 打造既懂科研又懂营销的复合型人才的培养机制

协调教育部门和高校，开设相关专业，培养一批专业化科技成果转移转化服务机构人才队伍。

3. 尽快建立科技成果转移转化人员流动制度

深入企业，真正了解市场需求，保证技术研究与市场需求接轨，力争科技成果转移转化利益最大化。

（三）提高科技成果转移转化服务能力

1. 建立新型科技成果价值评估体系

在山东全省范围内打造一支“专业化、职业化”的科技评估师队伍，公平公正、透明地对技术成果进行评估，合理体现科技成果价值，在科技成果评估中引入领域行业专家咨询制度，强化科技成果标准化评估专家库建设。

2. 将市场化竞争机制引入科技成果转移转化服务机构建设

大力发展优秀科技中介服务机构，通过“山东省科技成果转化服务平台”

做好大市场、大数据开发，在政策上给予税收减免、资金补助、政府采购服务等支持，加强对科技成果转移转化服务机构的资质认定和绩效评估，采取后补贴等方式，对优秀的科技成果转移转化服务机构给予支持，推进科技成果转移转化服务机构不断发展壮大，激励引导更多创新成果不断涌现和高效转化。

3. 搭建移动客户端服务平台

充分利用“山东省科技成果转化服务平台”，开发更先进的更便捷的移动客户端，如微信、微博等，筛选有效供求信息，由技术转移人员分配给相应的科研团队，建立有效的沟通机制。

第五章

济青烟国家科技成果转移转化示范区建设研究

第一节　济青烟国家科技成果转移转化示范区建设的意义

建设国家科技成果转移转化示范区是推动科技成果转移转化工作的重要举措，是实施创新驱动发展战略、提升区域创新能力、营造区域科技成果转化政策环境、推进全省供给侧结构性改革的有力抓手。抓好示范区建设有助于推动建立符合科技创新规律和市场经济规律的科技成果转移转化体系，促进科技成果资本化、产业化，形成经济持续稳定增长新动力，对于全面提升科技创新能力，打造区域创新驱动发展新引擎具有重要意义。主要体现在以下几方面。

（一）有利于政策先行先试，探索具有地方特色的科技成果转化机制和模式

通过示范区建设，在产业培育升级、高校院所科技成果转移转化、知识产

权运用保护等方面探索形成一批实用的先行先试模式，推动国家科技成果转化政策法规落实。同时探索可复制、可推广的经验与模式机制，为国家政策制定提供支撑。

（二）有利于搭建开放共享的成果转化平台，构建市场化科技成果转移转化服务体系

通过示范区建设，加强面向全球的技术转移合作，布局建设一批成果转化平台，在全球开展技术、资本、人才、服务等创新资源的深度融合与优化配置。充分发挥市场化体制机制灵活优势，以“互联网+”技术连接各类技术转移服务机构，逐步打造形成线上与线下有机结合的科技成果转化服务综合大平台，构建以专业化服务机构为支撑的科技成果转移转化新格局。

（三）有利于营造区域科技成果转化与创新创业环境，激发创新主体活力，打造区域创新驱动发展新引擎

充分发挥济南都市圈、青岛烟台都市圈岸线优势、资源优势和产业优势，通过示范区建设有助于培育良好的科技成果转化与创新创业环境，激发各类创新主体活力，有效发挥科技成果转化对产业和企业创新发展的支撑作用，推动国内外先进技术、成果、人才转移集聚，促进产业链协同创新和产业孵化创新，推动实现创新驱动新发展，提升跨区域辐射带动作用，建设一流国家科技成果转移转化集聚区，为区域产业转型升级与经济社会发展提供有力支撑。

第二节　国家科技成果转移转化示范区建设的基础条件分析

新修订的《中华人民共和国促进科技成果转化法》自 2015 年 10 月 1 日

起正式施行，国务院又先后印发了《实施〈中华人民共和国促进科技成果转化法〉若干规定》《促进科技成果转移转化行动方案》等政策文件。山东省委省政府相继出台多项重大政策措施，加快推动创新驱动发展，全面推进科技成果向现实生产力转化，使科技成果转化工作取得显著成效，为转方式、调结构提供了有力支撑。

山东省高度重视科技成果转化工作，认真贯彻落实《国务院办公厅关于印发促进科技成果转移转化行动方案的通知》，在科技成果转移转化体制机制创新、平台机构建设、科技金融环境优化等方面积极探索，取得了一定成效，在科技成果转移转化等方面形成一批可复制、可推广的经验和模式，建设国家科技成果转移转化示范区具备了较好的基础。

一、营造科技成果转移转化政策环境

全省各级党委、政府不断加强顶层设计，把促进科技成果转化作为实施创新驱动发展战略、全面深化科技体制改革和《山东省国民经济和社会发展第十三个五年规划纲要》的重要内容，出台多项配套改革措施，不断完善科技成果转化扶持政策，优化市场和服务环境。2016 年 9 月，山东省委省政府出台了《中共山东省委山东省人民政府关于深化科技体制改革加快创新发展的实施意见》，把“加快科技成果转化，形成市场品牌新优势”列为当前和今后一段时间突出抓好五个方面的重点工作之一，明确提出要着力打通科技成果转化通道，切实解决科技成果转化“起步一公里”和“最后一公里”的问题。在科技成果转化法律、法规建设方面，《山东省促进科技成果转化条例》修订完成，颁布了《关于改革省属高校科研院所科技成果使用处置和收益管理制度的意见》《山东省科学技术厅关于加快推进大众创新创业的实施意见》《关于支持高新区科技型小微企业创新发展的若干意见》《山东省科学技术厅关于加快推进全省科技企业孵化器专业化发展的实施意见》《关于运用政府引导基金促进股权投资加快发展的意见》《山东省科技型小微企业知识产权质押融资暂行办法》《山东省人民政府办公厅关于进一步促进科技成果转移转化的实施意见》

《关于加快实行以增加知识价值为导向分配政策的实施意见》等一系列新的配套政策文件，为加快科技成果转化，助推新旧动能转换提供了重要政策保障。

二、产业基础扎实、重点领域科技创新优势突出

山东省不断强化企业的主体地位，围绕产业创新链打造成果转化链条，推动创新型产业集群快速发展。山东全省创新产业集群载体建设数量位居全国前列，形成了青岛数字家电产业集群、淄博新材料产业集群、东营石油装备产业集群、潍坊交通装备产业集群等一批产值过千亿规模的创新型产业集群。山东全省产值超过百亿元的创新型产业集群达到近百个，千亿规模创新型产业集群达到 8 个。到 2020 年，山东全省产值过千亿规模的创新型产业集群将超过 20 个，为承接高端创新成果转化奠定了坚实基础。“十二五”以来，山东省区域创新综合能力一直保持在全国前六位。2017 年，山东全省 R&D 经费支出占国内生产总值（Gross Domestic Product，GDP）的比重达到 2.4%左右；规模以上高新技术产业实现产值 5.5 万亿元，占规模以上工业产值的比重为 34.8%。高新技术企业数量从“十二五”末的 3800 余家发展到 2018 年的 8900 余家，仅 2017 年山东全省新增高新技术企业超过 1600 家，2018 年新增高新技术企业 2612 家。企业技术创新能力持续增强，成果转化应用不断加快，在海洋、农业领域继续保持领先。青岛海洋生物新材料和功能制品、威海工业用藻类和海洋生物制品、烟台工业化智能化养殖和海洋生物制品、潍坊海洋生物医药和海洋装备、东营海洋装备为重点的区域特色和产业优势逐步显现。截至 2017 年年底，山东全省规模以上农业龙头企业达到 9600 多家，农民合作社达到 19.2 万家，农业产业化经营水平全国领先。2017 年，山东省农业科技贡献率达到 63.27%，高于全国平均水平。

三、平台体系较为健全，科技成果的转移转化能力强

全省大力推进科技创新平台建设，根据山东省科技厅统计，截至 2018 年，国家工程技术研究中心和企业国家重点实验室分别达到 36 家和 17 家，均居

全国首位；省级重点实验室和省级示范工程技术研究中心分别达到 239 家和 371 家。

截至 2018 年，山东全省建有国家高新技术产业开发区 12 家、国家火炬特色产业基地 69 家、国家高新技术产业化基地 11 家、国家可持续发展实验区 14 家、国家农业科技园 20 家、省级农业高新技术产业示范区 16 家，省级农业科技园 111 个家，建成公益性农业科研机构 61 所。

截至 2018 年，在孵化平台建设方面，经认定（备案）的省级及以上科技企业孵化器达到 275 家，其中国家级科技企业孵化器 84 家、企业加速器 37 家、国家科技创业孵化链条示范单位 2 家。省级及以上众创空间达到 578 家，其中科技部备案的众创空间达到 203 家，居全国前列；国家专业化众创空间 5 家，数量位居全国前列。

全省启动建设了山东省海洋工程技术协同创新中心，通过集聚优势资源，强化配合联动，有力提升了产业、科研和人才三位一体的协同创新能力。依托山东半岛蓝色经济区，海洋生物、海洋装备、海洋化工、海洋动力装备、海洋水产品精深加工、海洋食品 6 大产业技术创新战略联盟，聚集骨干企业 500 余家、上下游配套企业超过 1000 家。黄河三角洲农业高新技术产业示范区获批成为继杨凌国家级农业示范后第二个国家级农业高新技术产业开发区，为加速农业高新技术产业发展与科技成果转移转化奠定了坚实基础。

四、科技金融深度融合，助力产业转型升级

山东省深入推进科技资源与金融资源的有效结合，不断创新科技金融政策，在全国率先实施小微企业知识产权质押贷款扶持政策。截至 2016 年年底，累计开展知识产权质押合同登记 350 余项，实现质押融资 150 余亿元。2017 年，有 130 余家企业得到 1514 万元省级财政杠杆资金，支持实现知识产权质押融资 8.47 亿元，实现新增产值 20 余亿元，新增销售收入 18 余亿元，新增利润 2.68 亿元，新增就业岗位 1852 个。

加快实施“创新券”制度，支持中小微企业创新创业。仅 2017 年，山东全省发放创新券 12 500 余份，补助金额 3800 余万元，创新券、小升高补助累

计投入 7539 万元，惠及 1642 家小微企业；为 204 家在齐鲁股权交易中心“科技板”挂牌的中小微企业直接融资 2.5 亿元；改革财政科技资金投资方向和方式，加大对支撑全省创新发展的重大创新平台、高端科技人才和团队的重点支持，充分发挥市场导向作用，采取无偿资助、贷款贴息、先导资金、后补助等方式给予补助，调动社会资源促进科技创新和成果转化。

山东省试行财政科技投入金融化改革，于 2014 年 8 月出台《山东省科技成果转化先导资金管理暂行办法》，财政科技资金首期出资 3 亿元，设立省级科技成果转化引导基金和天使投资引导基金，带动社会资本近 15 亿元。探索建立大企业通过资本纽带反哺科技型小微企业共同发展的机制，设立山东科融天使投资基金。积极构建科技信贷风险共担机制，成立山东省科技融资担保有限公司，已为 160 家科技型小微企业提供融资担保。全省促进科技成果转化的金融环境不断优化，为加速科技成果转移转化和推动科技型中小企业创新发展提供了强有力的资金保障。

2016 年 7 月，山东省人民政府印发了《推动资本市场发展和重点产业转型升级财政政策措施》，突出企业创新主体作用，设立省级科技投资风险补偿资金，实施企业研发投入后补助政策，引导企业加大科技研发投入，建立科技成果转化服务机构（技术经纪人）奖补制度，更好地促进科技与产业结合，加快科技成果资本化、产业化步伐。

五、服务机构快速发展，技术市场交易活动活跃

山东省加快发展技术市场，积极培育各类科技中介服务机构，制定了《关于加快全省技术市场发展的意见》《山东省人民政府办公厅转发省科技厅关于加快全省技术产权交易市场发展的意见》，出台了《山东省支持培育科技成果转移转化服务机构补助资金管理暂行办法》，鼓励各地扶持发展技术转移、检验检测认证、知识产权运营、中试基地等科技成果转移转化服务机构，帮助企业、高校、科研院所提高成果转化能力。技术转移转化平台建设不断加强，相继建立了山东省技术转移转化中心、齐鲁技术产权交易平台等一批区域性技

术转移中心。截至 2017 年，山东省属高校已经建立科技成果转移转化服务机构 20 个、研究开发机构 381 个、科技成果转化服务平台 31 个。建立了以山东省科技成果转化服务网络平台为核心，数据标准、品牌标识、管理制度和服务规则相统一的全省网上平台。设立了中国科学院山东综合技术转化中心、中国高校技术转移中心德州分中心等一批技术转移转化载体。中国技术交易所、北方技术交易市场、天津滨海国际知识产权交易所、上海股权交易中心等 30 余家国家级科技服务机构入驻。建成寿光果菜品种权交易中心等一批区域交易中心。专业化科技服务机构和线上线下并举技术交易体系的建设发展为加速创新资源集聚、促进科技成果转化提供了强有力的平台支撑。山东省技术交易持续活跃。2018 年，山东全省共登记技术合同 34 554 项，技术交易成交金额 856.87 亿元，同比增长 58.2%，居全国第八位。同时，山东省立足产业转型升级需要，围绕集聚吸纳外部优质创新资源，积极构建全方位科技开放合作体系，建立定期举办科技成果转化活动的常态机制，促进了科技成果在相关领域的转移转化。

第三节　国家科技成果转移转化示范区建设模式与路径探析

一、济青烟国家科技成果转移转化示范区建设思路设计

济青烟国家科技成果转移转化示范区充分发挥济南、青岛、烟台三个市的主核心作用，以优化科技成果转化政策环境为支撑，努力打造以蓝色经济、绿色农业为特色的国家科技成果转移转化示范区。其中，济南市应突出科技成果转化策源地建设，聚焦信息产业和科技服务业发展，充分发挥德州市作为对接

京津冀地区桥头堡的作用，联合辐射带动国家农业高新技术产业开发区的发展；青岛市、烟台市应突出海洋经济为特色，发挥威海市、潍坊市的重要支撑作用，推进蓝色半岛的创新发展，进而建成与山东半岛蓝色经济区、黄三角高效生态经济区、京津冀协同发展三个国家级发展战略区，山东半岛国家自主创新示范区、黄河三角洲国家农业高新技术产业示范区两个国家创新改革示范区，以及若干国家高新技术产业开发区有机协同、融合发展的科技成果转移转化大体系。具体体现在以下四个方面：

（一）打造济南都市圈科技成果转移转化策源地

以济南市为核心，着力打造济南都市圈科技成果转化核心区，在济南市坚持以高校、科研院所科技成果转移转化供给侧改革为主线下，着力发展新信息产业和科技服务业。支持济南市发挥高校院所、科技人才集聚优势，加快科技研发和成果转化，建设成为国内重要的科技成果策源地，进而推动国内一流、国际知名的区域性科技创新中心建设。发挥济南市“试验田”“领头羊”的作用，通过先行先试、示范推广，引领带动济南都市圈在科技成果转移转化方面迈上新台阶。以济南市为主核心，加快推进济南都市圈一体化协同创新；以济南都市圈内德州市、东营市、滨州市及淄博市、泰安市、聊城市等其他城市为支撑节点，将济南都市圈建设成为由山东半岛港口群向中西部腹地延伸的枢纽区域，进而辐射带动山东中西部地区的经济发展与产业转型升级。

（二）打造蓝色海洋科技成果转移转化经济带

以青岛市、烟台市为核心，着力打造青岛烟台都市圈科技成果转化核心区，建设具有较强自主创新能力和国际竞争力的海洋高技术产业集聚区、海洋科技成果转化特色区。在青岛市突出打造以国家海洋技术转移中心为枢纽的海洋科技创新与技术转移服务体系，实现“海洋+”新技术、新产业、新业态、新模式的深度融合；在烟台市着力聚焦海工装备、生物医药、智能制造等产业创新发展，推动区域特色科技成果转化应用。依托山东半岛蓝色经济区，优化海洋高技术产业发展布局，构筑青岛市、烟台市双核驱动、潍坊市、威海市和日照市等城市多点支撑的发展格局，努力将青岛烟台都市圈打造成为国家海洋科技成果转化样本区、先行区。

（三）打造绿色农业科技成果转移转化高地

充分发挥黄河三角洲国家农业高新技术产业示范区的产业带动和辐射作用，以提高农业技术创新的核心竞争力为目标，实现现代农业高新技术产业化的试验、孵化、集聚、扩散、示范和带动，努力建成我国区域农业现代化先导区、健康食品产业聚集区和新型城镇化建设样板区、具有农业高新技术支撑与创新能力的产业聚集区。

（四）打造一批科技成果转移转化关键枢纽

发挥济南市在济南都市圈的主核心作用，做强德州市、东营市、滨州市等关键枢纽支撑，依托济南大数据与新一代信息技术产业优势，有效链接带动德州市、东营市、滨州市等黄河三角洲地区，打造绿色农业科技成果转移转化高地。突出青岛市、烟台市在海洋集聚区的核心与辐射带动作用，发挥威海市、潍坊市、日照市等市海洋产业优势，形成推动海洋科技自主创新能力和成果转移转化水平提高的合力，为打造蓝色海洋科技成果转移转化产业集聚区提供核心支撑。

二、济青烟国家科技成果转移转化示范区建设路径

2017 年以来，山东全省正在深入实施山东新旧动能转换重大工程，着力推进科技体制机制改革创新，合力推动科技成果转化工作，建设济青烟国家科技成果转移转化示范区，必须紧紧围绕国家创新驱动发展战略要求，结合山东省经济社会发展迫切需求，以优化科技成果转化政策环境为支撑，依托山东半岛国家自主创新示范区、黄河三角洲农业高新技术产业示范区和济青烟台国家高新技术产业开发区等现有创新平台，发挥德州市在京津冀协同发展和科技成果转移转化中的作用，形成政策叠加效应和工作合力，努力为推进创新型

省份建设、加快新旧动能转换、推动产业转型升级提供强有力支撑。

（一）加快建设济南科技成果转移转化策源地

1. 打造具有泉城特色的科技服务业体系

打造具有泉城特色的科技服务业体系主要包括以下内容：

（1）积极建设“泉城科创交易大市场”。通过山东省技术成果交易中心、山东金融资产交易中心、齐鲁股权交易中心、山东星火知识产权交易中心等平台实现企业技术产权挂牌、科技成果转让、合作（委托）开发、相关抵押物流转和处置等功能建设。整合知识产权保护、技术交易、设备共享、政策服务、信息咨询、交流合作等各类科技服务，形成集成果转化、技术交易、金融服务等于一体的在全国有影响力的区域性科技中介服务中心。

（2）加快“泉城众创空间”建设。积极打造“众创空间-创业苗圃-孵化器-加速器-专业园区”全产业链孵化载体，形成“创客身份可漫游、比特席位能共享、技术平台免费用、高端导师助发展”的济南特色。设立涌泉计划、建设涌泉汇平台和涌泉学院，全力打造“泉城众创空间”品牌。

（3）建设高校技术转移机构。吸引国内外知名高校、科研院所联合建立新型技术创新和成果转移转化机构。加快山东工业技术研究院等技术转移机构建设，探索基金选项目、市场配资源等成果转化的新机制。

2. 建设科技创新平台载体体系

建设科技创新平台载体体系主要包括以下内容：

（1）建设关键共性技术研发平台。发挥国家超级计算济南中心、山东省信息通信技术研究院、国家综合性新药研发技术大平台、浪潮高性能计算中心、山东量子技术研究院、国家网络软件产品质量监督检验中心（济南）等重大创新平台的辐射和带动作用，以重大科技项目形式进行产业关键共性技术研发平台建设。发挥济南市的云计算、大数据的优势，支撑济南都市圈“互联网+科技成果转移转化”发展。

（2）加强科技创新专业平台建设。加强重大源头创新平台建设，在重大创新领域组建国家级重点实验室、国家级工程技术研究中心、企业技术中心等研发机构。建设行业公共研发创新平台，做强国家级重大共用技术支撑平台，增强优势产业和新兴产业科技创新能力和竞争力。依托龙头（骨干）企业，推动各类企业研发机构上档升级。

（3）建设各具特色的科技产业基地。加快山东半岛国家自主创新示范区的建设，促进济南高新技术产业开发区加快发展。加快创新谷、药谷、新材料产业园等一批新型科技园区建设，优化功能布局、产业布局、空间布局，打造一批产城一体、生态良好的第四代国际化新型科技园区。

3. 做强科技成果转移转化金融支撑

做强科技成果转移转化金融支撑主要包括以下内容：

（1）加大财政支持力度。设立大规模股权投资专项引导资金，依托济南财金投资控股集团有限公司，连续注资形成较大规模创投母基金，吸引社会资本建立基金群，重点为中小型科技企业进行股权融资。设立贷款贴息和奖补专项资金，对科技中小型企业贷款贴息。

（2）加快科技金融特色支行建设，积极推动和引导商业银行在科技园区、孵化器等建立特色科技支行。建立科技金融独立、快速审批机制，缩短审查审批链条，提升审批效率。

（3）推进科技金融综合服务平台建设。以济南市建设区域性科技创新中心和金融中心为契机，抓好国家促进科技和金融结合试点建设，突出打造以区域性金融集聚区、区域性科技金融特色支行、服务科技产业的小贷、担保、租赁、资产管理等多业态为特色的科技金融体系。

（二）加快建设海洋科技成果转移转化聚集区

1. 建立世界一流的海洋类重大科技创新平台

以青岛海洋科学与技术试点国家实验室为龙头，聚集高校、科研院所等科技优势，建设海洋科技资源有效聚集、科学技术水平国际领先、科研环境自由开放、成果转化体制机制运行灵活的世界一流的海洋类重大科技创新平台。建设海洋大数据与超算系统、海洋高端仪器研发、深海药物筛选、海上测试场等一批国际一流的工程化开发平台，支撑水下智能装备、海洋生物医药、海洋大数据等战略性新兴产业发展。

2. 建设海洋生物医药成果转移转化集聚区

以青岛高新技术产业开发区国家火炬青岛海洋生物医药特色产业基地、烟台高新技术产业开发区国家火炬烟台海洋生物与医药特色产业基地为载体，按照“引进孵化、加速培育、产业带动”的发展思路，建设海洋生物医药产业基地，打造错位集聚、互动发展、协同创新的特色产业发展格局。推进海洋生物医药产业规模化、集群化、园区化发展，将技术创新与成果转化相结合、产业优化与空间布局相结合、园区建设与生态环保相结合、开放合作与内生发展相结合，重点推进骨干企业培育、创新能力提升、示范园区建设等工程，把海洋生物医药产业发展成为引领山东蓝色经济发展的支柱产业，培育一批海洋生物医药特色产业链条和产业集群。

3. 打造海洋装备成果转移转化集聚区

加强在船舶与关键配套设备、海洋油气资源勘探开发装备、深海运载作业等领域开展前沿技术研究和共性关键技术突破。发挥沿海开放和合作交流优势，汇集国内外蓝色尖端资源，打造国际化的海工装备重大创新平台，构建完备的深海与海洋工程装备创新体系。以青岛市、烟台市为核心，依托海洋经济创新发展示范城市建设，培育一批具有国际竞争力的龙头企业，提升海洋装备领域成果转化和产业孵化能力。

4. 打造海水健康养殖先进技术转移转化集群

在良种创制与种苗繁育、健康养殖设施及模式、海水养殖生物安保技术、海水养殖配套保障技术体系等领域，强化海水健康养殖共性关键技术研究，建设蓝色粮仓科技创新中心。大力发展生态健康养殖等先进模式，打造全国重要的健康养殖基地。

（三）积极打造绿色农业科技成果转移转化高地

1. 发挥国家级农业高新技术产业开发区的核心载体作用

以提高农业核心竞争力为目标，加快农业高新技术综合性创新平台、专业性服务平台和技术成果转移转化推广平台建设，加快实现山东全省涉农县（市、区）省级农业科技园区全覆盖，积极推动省级农业高新技术产业开发区的创建国家级农业科技园区，不断完善“省级农业科技园-省级农高区-国家农业科技园-国家农高区”四级联动、梯次发展的农业科技创新与成果转化平台体系。充分发挥国家农业科技园区的创新示范作用，重点开展高效生态农业、循环经济、盐碱地改良、生态保护等重点领域创新与成果转移转化，在知识产权制度改革、科技金融结合等体制机制和政策创新方面先行先试，建立可复制、可推广的创新驱动城乡一体化发展新模式。

2. 加快建设北方区域性的农业信息及技术交易中心

以推进先进农业技术信息发布及成果交易、转移为核心，加快布局建设区域性农业信息及技术交易中心。完善省级农作物、林木种质资源中心建设，加快组建畜禽、水产种质资源中心，建设省级生物种质资源数据库和信息共享服务平台，构建全省生物种质资源保护技术体系。建立“立足山东、辐射全国”的农业科技成果信息平台。开展“农科教、产学研”新机制试点，探索建立“创新团队+基层农技推广体系+新型农业经营主体”的新型农业科技服务新模式，解决农业科技成果转移转化最后一公里问题。着眼“互联网+现代农业”，聚焦信息汇集、政策发布、供需对接、调度监督、成效评估等功能，提高数据采集分析处理能力，建设辐射京津冀鲁的农业大数据中心。探索政府扶持、市场引导、企业运作的政产学研一体化的农业交易新模式，全力打造立足山东、服务周边、面向全国的示范区农业技术交易品牌。

3. 加快特色优势农业产业示范推广

发挥传统粮食产区、优质高产粮食创建区、商品粮基地的优势，鼓励粮油生产企业、新型经营主体应用新品种、新技术，构建“新品种+龙头企业+新技术”的粮油产业成果转移转化示范带。依托潍坊农业产业化基地，重点发展家禽养殖、畜禽及果蔬深加工业等绿色食品行业，积极推进中日韩工业园食品加工区建设，积极打造全国绿色食品加工基地。以国家现代蔬菜种业创新创业基地、寿光“三条生态农业走廊”等示范园区建设为中心，实施互联网+绿色农业示范区建设工程，积极培育绿色农业创新型产业集群。以烟台水果产业为核心，加快水果产业成果转移转化，建成水果产业成果转移转化示范带。

（四）增强各类主体推进科技成果转移转化协同性

1. 加强源头创新的高校、科研院所载体建设

发挥创新源头作用，依托山东省内外高校、科研院所在示范区内建设一批产学研协同创新中心，依托高校、科研院所创新资源集聚度较高的国家级高新园区，建设若干高校、科研院所协同创新基地。建立面向企业的技术服务网络，促进科技成果与产业、企业需求有效对接，推动科技成果与资本、技术需求的对接，提升产学研协同创新能力和水平。加强国家级创新平台及载体建设，提升农业科技成果源头创新能力。推动海洋重大科技集群与交叉前沿研究深度融合，力争实现重大原创性突破。

2. 加强科技成果转移转化的企业载体建设

对接国家“创新百强”工程，以省级以上创新型（试点）企业为重点，支持高新技术企业建立和完善创新体制机制，推动其加快发展成为创新型领军企业。实施“小升高”培育计划，重点培育一批成长性好、有自主知识产权核心技术、具有较强国际竞争力和一定经济规模的明星科技型小微企业。引导企业围绕转型升级的需求，联合国内外高校、科研机构、上下游企业和产业领军人才等，组建一批联合开发、优势互补、利益共享、风险共担的产业技术创新战略联盟，探索联合攻关、利益共享、知识产权运营的有效机制与模式。综合运用奖、补、投、贷、保等多种方式，扶持在孵企业成长、壮大科技型中小企业、培育创新型领军企业，形成小微企业创业、培育成长、升级的梯次发展格

局，促进科技成果转移转化。

3. 搭建各类新型科技成果转移转化协作平台

积极融入一带一路、京津冀协同发展等。加强与中国科学院、中国工程院深度合作，深化与国内外著名高校的多方位合作，积极推动著名高校、科研单位到山东省设立分校、分所，促进高水平技术和成果到山东省转化。进一步完善“院士专家科技行”“中国·德州京津冀鲁资本与技术交易大会”“山东-以色列企业科技合作对接洽谈会”“山东省可转化科技成果推介对接会”等一系列科技成果转移转化协作平台，通过国内外高校、科研院所、知名科技服务机构、科技金融机构及相关企业等科技创新资源和技术成果，促进企业与高校、科研院所的深入合作对接与成果转化。

（五）完善科技成果转移转化公共服务平台体系

1. 加强公共创新服务平台载体建设

实施科技创新品牌培育工程，依托国家级企业科技创新平台和产业技术创新战略联盟，联合国内外重点高校、科研机构，重点培育一批服务模式创新、市场化水平高、自我发展能力强、服务成效显著的科技创新公共服务平台。在各类产业技术研究院、科技企业孵化器、科技创新创业园内建设一批专业化、起点高、辐射强的公共技术应用平台，为科技型中小企业技术创新提供支撑和服务。围绕特色产业布局建设一批通用性或行业性技术创新服务平台，开展研发设计、检验检测、技术标准等服务。

2. 构建专业化的创新创业孵化体系

坚持孵化器专业化发展方向，按照一器多区、分类集群模式布局培育一批专业化科技企业孵化器。鼓励大企业“反哺”小微企业，吸引龙头骨干企业、创业投资机构、社会组织等社会力量积极参与，构建一批低成本、便利化、全要素、开放式的专业化众创空间。发挥“互联网+创新创业”模式优势，积极培育创业孵化新业态。依托留学人员创业园，通过海外异地孵化器、企业海外研发机构、重大科研项目等多种渠道，吸引海外高层次创业人才携项目进行转移转化。大力发展“专业科技企业孵化器+科技园区”模式，打造“苗圃-孵化-加速-产业化”的科技成果转移转化链条。

3. 构建统一的技术市场体系

以省科技成果转化服务平台为核心，建立完善科技成果转化项目库，构建省、市、县三级全覆盖的全省统一的网上技术交易平台体系。扩大现有实体技术市场规模，构建区域性与行业性纵横交错的技术转移组织体系。鼓励在技术需求旺盛、技术供给能力强、科技中介服务较完善的区域建立综合性技术交易机构。围绕新兴产业和传统优势产业发展，布局建设专业性强的技术转移中心。依托高校、科研院所、新型研发机构等创新载体，建立以技术出让为主的技术转移机构、技术转移联盟等技术交易载体。努力构建市场专业化、机构专业化、队伍专业化和服务专业化的成果转化模式，加速形成重点领域科技成果转化技术转移的集聚效应。

4. 提高科技资源共享共用水平

建立科技成果信息系统，加强科技成果数据资源开发利用，完善科技报告共享服务机制，促进科技成果转化。财政投资建设的科研设施，最大限度地向企业、社会组织和科研人员开放。提高大型科学仪器设备协作共用网入网仪器的数量和质量，凡由财政资金购置的科研仪器设备无条件入网；鼓励单位自行购置的科研仪器设备入网，享受政策扶持。事业单位通过入网仪器设备共享获得的服务收入，可参照相关技术服务收入管理办法使用。试点“创新券”使用负面清单制度，增强“创新券”使用效益。将科技“创新券”补助范围扩大到科技型中小微企业接受科技服务所产生的费用，按照一定比例给予补助；对提供服务量大、用户评价高、综合效益突出的供给方会员，给予服务总额一定比例的事后补助。

（六）加快科技成果转移转化人才队伍建设

1. 建设示范区人才集聚高地

加快推进人才改革试验区建设，以省级人才改革试验区为重点，在人才引进培养、社会化评价、双向流动、股权期权激励、成果转化、科技金融等方面先行先试。充分发挥山东省“泰山学者”、山东省泰山产业领军人才工程等引领作用，加快培养一批在产业转型升级和推进科技成果转化中具有带动作用的首席科学家、学术带头人、产业领军人才、科技创新人才和高技能人才。加大海内外人才引进力度，组织实施“外专双百计划”，建设具有区域竞争比较优势的创新人才高地。

2. 着力加强专业技术经纪人队伍建设

建立省、市、县三级科技成果转化服务队伍，探索完善更加灵活的引才用才机制。推动高校设立科技成果转化相关专业，打造一支高水平的师资队伍，支持其与国际技术转移组织联合培养国际化技术转移人才。建立和完善技术产权转移相关职业和岗位资质认证制度，依托高校和骨干企业建立一批技术转移人才培养基地。针对科技型企业、科研院所及从事技术转移服务的其他相关机构和人才开展专业培训，为科技成果供需双方牵线搭桥，提高技术交易成功率，促进科技成果转移转化、产业化。

3. 实施“高精尖缺”人才集聚工程

建立精准引才机制，开展绿色农业、蓝色海洋、大数据与新一代信息技术、科技服务业等重点领域高端人才集聚行动，引进培养一批国际领先、国内一流的高端人才。对带高技术成果到示范区实施转化或从事高新技术项目研发的高层次人才，开辟“高精尖缺”人才引进绿色通道，符合条件的“高精尖缺”人才直接入选省级重点人才工程，发放人才服务绿卡。对全省重点产业发展能够产生重大影响、具有重大经济社会生态效益的国际一流或顶尖人才团队，可实行“特事特办、一人一策”，通过项目资助、创业扶持、贷款贴息等方式，给予每个人才团队综合资助。

（七）加强科技金融支撑体系建设

1. 加大财政支持力度

发挥政府引导作用，吸引社会资本积极参与，不断扩大科技投资基金规模，构建满足不同发展阶段科技型企业融资需求的科技创业投资体系。加大省市两级“科技成果转化基金”“天使投资引导基金”“创业投资引导基金”“科技风险补偿基金”等创新创业基金支持示范区科技成果转移转化力度，设立专项子基金，通过引导、参股、跟投等方式支持培育科技型中小企业，推动成果研发、中试、转化和产业化的无缝对接。

2. 建立投贷联动、科技风险补偿机制

推进商业银行在示范区设立科技支行，探索科技型企业专属金融产品，专项用于支持科技型企业培育和科技成果转移转化。建立投贷联动机制与贷款风险补偿机制，引导银行信贷资金支持转化科技成果的科技型中小微企业。分散银行信贷风险，贷款风险补偿可实行省、市、银行共担原则，三方协议确定各自承担比例。建立健全创新产品研发与科技成果转化保障机制，有效分散和化解高新技术企业创新创业风险。设立知识产权质押融资风险补偿基金，吸引高端知识产权服务机构或社会资本在示范区设立专业化的知识产权运营机构，为专利技术产业化提供评、保、贷、投、易一条龙服务。

3. 建立健全科技金融综合服务体系

加快济南市、青岛市等国家促进科技和金融结合试点市建设，建设山东省科技金融综合服务平台，加快区域性科技金融服务平台或一站式服务中心布局建设。强化与多层次资本市场的对接，构建多层次、多元化投融资体系。着力搭建科技金融资本对接平台，为科技成果转移转化提供组合金融服务。依托中国高新区科技金融信息服务平台，在省级以上高新技术产业开发区布局建设具有不同专业特色的科技金融路演中心，设立“资本对接科技金融对接区”“科技金融专场”，建设融资性担保平台，鼓励其探索股权投资与信贷投放相结合的融资模式。强化区域性股权交易中心服务能力提升，在齐鲁股权交

易中心、青岛蓝海股权交易中心设立科技企业板块，为挂牌企业提供股权融资、股份转让、债券融资等服务。组建全省科技金融联盟，重点依托省级金融机构，以企业征信为基础、科技中介服务机构为支撑，构建多层次、全方位的科技金融综合服务体系。

（八）深化科技成果转化的体制机制改革

1. 完善科技成果转移转化激励机制

积极探索突破科技成果转移转化的制度性障碍，建立健全符合科技创新规律和市场经济规律的科技成果转化体制机制。赋予高校、科研院所更大自主权，将职务处置权完全下放至高校、科研院所，转化收益全部归单位所有。鼓励高校、科研院所开展股权、期权激励改革，完善职务发明法定收益分配制度、提高转化收益分配比例，落实在科技成果转移转化中做出重要贡献的科技人员的股权、期权和分红，责任免除、离岗创业、职称评定与人才聘任等激励政策。综合运用产权参股、贷款贴息、购买服务等方式，不断完善政府购买技术创新与成果转化服务模式，支持市场导向明确的科技成果转移转化活动，提高财政科技资金使用效益。

2. 加大对成果转移转化服务机构的培育扶持

推进成果转移转化中介服务机构不断发展壮大，对引进的国家级技术转移机构或省级技术转移机构给予补助。对技术合同成交额在达到规定额度以上的服务机构，按照合同成交额的一定比例进行补助。鼓励高校和科研院所提取不低于10%的成果转化收益用于机构绩效奖励，中级、高级专业技术岗位分配向技术转移机构倾斜。

3. 优化产学研协同新机制

完善以股权为纽带的产学研合作机制，加快山东省重点领域技术突破。完善以企业为主导的产学研协同创新机制，推动以企业主导、联合高校和科研院所共建重点实验室、工程（技术）研究中心、工业设计中心、产业技术创新战略联盟、产业研究院、中试基地等创新平台及新型研发机构，推进企业与高校、科研院所共同开展科技研发、成果应用与推广的有效机制与模式，促进科技成果快速转化、产业化。

第四节　国家科技成果转移转化示范区建设运行机制研究

一、示范区组织领导与协同推进机制

示范区的建设涉及科技厅、经信委、发改委、财政厅、金融办、税务局等多个部门，需要成立由山东省人民政府领导任组长，相关部门主要负责人任小组成员的省科技成果转移转化工作领导小组，领导小组办公室设在山东省科技厅，加强示范区建设的顶层设计和整体部署，加强组织领导和统筹协调，定期研究解决示范区建设中的重大问题。建立省部、省市协同推进示范区建设工作机制，对于重点建设任务，实行由部省会商指导、厅市会商、各部门协调推进、分工负责的工作推进机制，切实推进重点区域间资源共享与优势互补，提升示范区跨区域技术转移与辐射带动水平。加强各项先行先试改革措施的集成，强化省市各级科技、财政、投资、税收、人才、产业、金融、政府采购、军民融合、知识产权等政策协同，切实抓好具体落实及实施督查，完善有利于科技成果转移转化的政策环境。

二、建立示范区分类管理机制

在省域层面推动建设国家科技成果转移转化示范区，需要构建省、市、县三级联动的科技成果转化工作体系及科技成果转化网络体系，实施示范区建设的分类管理与考核，充分调动各地地方参与科技成果转化示范区建设的积

极性、主动性。同时，为了推进国家科技成果转移转化示范区建设，省级层面可以开展相应的省级科技成果转移转化示范区培育与建设，形成有机衔接的示范区建设体系。

为提高示范区建设的管理水平与总体成效，可以考虑建立示范区建设分类管理机制，对参与承建国家科技成果转移转化示范区的相关区域（单位）实施分类精准化管理。笔者认为，可以将示范区建设具体承接区域分为核心区、枢纽区和支点区三类，建立核心区、枢纽区和支点区三级联动建设机制。核心区、枢纽区、支点区分别设定不同的资格标准作为申请的最低门槛要求，达到并符合相应条件的区域，可以申请成为国家科技成果转移转化示范区的核心区、枢纽区或支点区。其中，核心区、枢纽区和支点区分别代表了在示范区建设中的不同功能定位。核心区为该省国家科技成果转移转化示范区的核心支撑区，对应于省级科技成果转移转化示范区中的“优秀”等级，一般为设县（区）的市；枢纽区为该省国家科技成果转移转化示范区的关键支撑区，对应于省级科技成果转移转化示范区中的“良好”等级，一般为设县（区）的市；支点区为该省国家科技成果转移转化示范区的重要支撑区，对应于省级科技成果转移转化示范区中的“培育”等级，一般为市（县）、区，省级及以上高新技术产业开发区、经济技术开发区。具体见表 5-1。

表 5-1　科技成果转移转化示范区建设的具体区域分类

类别	功能定位	申报区域条件	省级科技成果转移转化示范区对应等级
核心区	国家科技成果转移转化示范区建设的核心支撑区	设县、区的市	省级科技成果转移转化示范区中的“优秀”等级
枢纽区	国家科技成果转移转化示范区建设的关键支撑区	设县、区的市	省级科技成果转移转化示范区中的“良好”等级
支点区	国家科技成果转移转化示范区建设的重要支撑区	县、区或省级以上高新技术产业开发区、经济技术开发区	重点培育的省级科技成果转移转化示范区

三、示范区分类基础认定标准

为保障科技成果转化工作落到实处并取得预期成效，亟须建立示范区建设的分类基础认定标准体系。结合国家科技成果转移转化示范区建设的目标任务，笔者认为示范区建设基础评价标准体系应包括以下十大方面：①示范区建设的组织领导体制机制；②示范区建设方案制定与试点政策突破；③促进科技成果转化的政策保障；④科技成果转化专项资金、基金支持；⑤专业化科技成果转化服务机构与人才队伍建设；⑥科技成果转化公共服务平台建设；⑦科技创新平台载体建设；⑧科技成果转化技术交易市场建设；⑨科技成果转化规模与技术合同交易；⑩科技成果转化带动经济社会效益情况。

基于上述的科技成果转移转化示范区基础评价标准体系，承建区域为核心区、枢纽区、支点区的不同分类，制定了针对科技成果转移转化示范区的定量与定性相结合的分类基础认定标准体系，作为不同类别示范区建设的认定资格门槛。具体见表 5-2。

表 5-2　科技成果转移转化示范区分类基础认定标准

标准/认定资格门槛	核心区	枢纽区	支点区
组织领导体制健全、有明确承担建设部门并建立决策议事与协调推进机制	有市级主要领导担任组长；有科技主管部门作为建设与推进单位；建立了已经运行的决策议事和协调推进的联席会议机制	有市级领导担任组长；有科技主管部门作为建设与推进单位；建立了统筹组织和协调推进的机制	有区级主要领导担任组长；有科技主管部门作为建设与推进单位；建立了统筹组织和协调推进的机制
出台促进科技成果转化的政策文件	出台专门的市级促进科技成果转化的决定或意见及配套政策	出台高度相关市级促进科技成果转化的决定或意见及配套政策	出台高度相关县（区）级促进科技成果转化的决定或意见及配套政策
设立科技成果转化专项资金和拥有若干科技成果转化产业基金	设立科技成果转化专项资金且不低于 1000 万元；科技成果转化产业基金不低于 5 个亿	设立科技成果转化专项资金且不低于 800 万元；科技成果转化产业基金不低于 3 个亿	设立科技成果转化专项资金且不低于 500 万元；科技成果转化产业基金不低于 1 个亿
拥有科技成果转化专业服务机构和科技成果转化人才队伍	拥有实体化法人制的科技成果转化专业服务机构不少于 15 个，并且拥有技术转移示范机构国家级不少于 5 个、省级不少于 10 个；从事科技成果转化人员队伍不少于 300 人	拥有实体化法人制的科技成果转化专业服务机构不少于 10 个，并且拥有技术转移示范机构国家级不少于 3 个、省级不少于 7 个；从事科技成果转化人员队伍不少于 200 人	拥有实体化法人制的科技成果转化专业服务机构不少于 6 个，并且拥有国家级技术转移示范机构不少于 1 个或者省级不少于 3 个；从事科技成果转化人队伍不少于 60 人
建立科技成果转化公共服务平台和网上成果转化交易平台	建立科技成果转化公共服务平台和网上成果转化交易平台，国家级众创空间（孵化器）不少于 5 个、省级中试基地不少于 3 个；建立专门的自有成果转化技术交易的网络平台	建立科技成果转化公共服务平台和网上成果转化交易平台，国家级众创空间（孵化器）不少于 3 个、省级中试基地不少于 1 个；建立有实际成果转化技术交易的网络平台	建立科技成果转化公共服务平台和网上成果转化交易平台，国家级众创空间（孵化器）不少于 1 个、省级中试基地不少于 1 个；拥有成果转化技术交易的网络平台

续表

标准/认定资格门槛	核心区	枢纽区	支点区
拥有省级及以上科技创新平台	拥有开展科技成果转化的省级及以上科技创新平台，其中国家级平台（产业技术创新中心、重点（工程）实验室、工程（技术）研究中心、企业技术中心）不少于20个	拥有开展科技成果转化的省级及以上科技创新平台，其中国家级平台（产业技术创新中心、重点（工程）实验室、工程（技术）研究中心、企业技术中心）不少于10个	拥有开展科技成果转化的省级及以上科技创新平台，其中国家级平台（产业技术创新中心、重点（工程）实验室、工程（技术）研究中心、企业技术中心）不少于3个或省级创新平台不少于10个
拥有实体技术交易市场且定期组织专题科技成果转化对接活动	拥有1处以上实体技术交易市场，且场地面积不低于2000平方米；引进国内外知名技术交易（服务）机构入驻不少于3家；每年组织全国性专题科技成果转化对接活动不少于2场（次）、全省域5场（次）	拥有1处以上实体技术交易市场，且场地面积不低于1500平方米；引进国内外知名技术交易（服务）机构不少于3家；每年组织全国性专题科技成果转化对接活动不少于1场（次）、全省域3场（次）	拥有1处以上实体技术交易市场，且场地面积不低于1000平方米；引进国家级技术交易机构入驻不少于1家；每年组织全省性专题科技成果转化对接活动不少于1场(次)、全省域1场（次）
有一定的科技成果转化数量规模，并拥有一定的技术交易合同额	年度科技成果转化协议合同数不低于500项，其中技术交易合同额100亿元以上，或技术交易合同额年度增长率不低于20%(50亿～100亿元)，或技术交易合同额年度增长率不低于25%（50亿元以下）	年度科技成果转化协议合同数不低于400项，其中技术交易合同额80亿元以上，或技术交易合同额年度增长率不低于20%(50亿～100亿元)，或技术交易合同额年度增长率不低于25%（50亿元以下）	年度科技成果转化协议合同数不低于100项，其中技术交易合同额50亿元以上，或技术交易合同额年度增长率不低于20%（50亿～100亿元），或技术交易合同额年度增长率不低于25%（50亿元以下）
科技成果转移转化取得一定的经济社会效益	率先进入国家创新型城市行列，科技成果转移转化支撑产业转型升级成效显著，经济效益达到1000亿元以上	达到国家创新型城市水平，科技成果转移转化支撑产业转型升级成效突出，经济效益达到800亿元以上	科技成果转移转化支撑产业转型升级成效明显，经济效益达到200亿元以上
有建设方案和先行先试试点政策	有实际可行的建设方案，其中有不低于3条先行先试突破性政策，并形成在全国有特色的试点建设经验，开展定期的试点建设评估	有实际可行的建设方案，其中有不低于1条先行先试突破性政策，并形成在全省有特色的试点建设经验，开展定期的试点建设评估	有实际可行的建设方案，并形成在全省有特色的试点建设经验，开展定期的试点建设评估

四、示范区建设评价机制

为了实现国家科技成果转移转化示范区建设的顺利推进，强化示范区建设的引导激励与工作督导，亟须建立健全示范区建设监测评估体系，加强评估考核，将其作为资源配置支持建设的重要依据。在综合考虑示范区建设所涉及各方面要素的基础上，形成了科技成果转移转化示范区建设的基础评价模型，如图5-1所示。

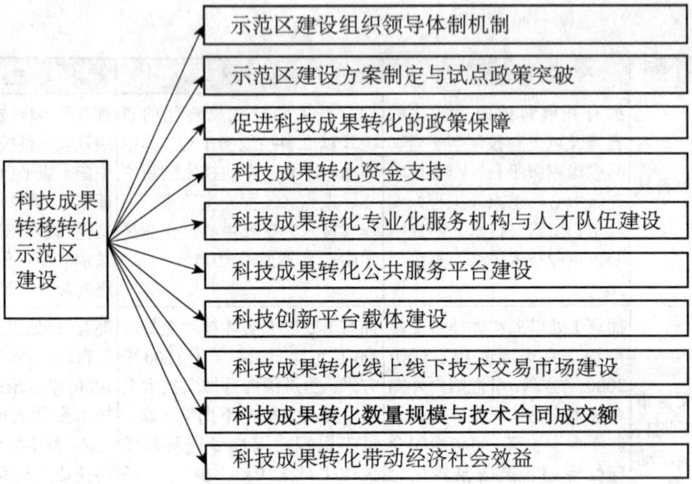

图 5-1　科技成果转移转化示范区建设基础评价模型

建立科学有效的科技成果转化示范区建设评价体系，对于科学评价一个区域示范区建设的具体成效，推动示范区建设可评价、可考量，进而达到以评促建的效果至关重要。基于科技成果转化示范区建设基础评价模型，构建了科技成果转化示范区建设的评价指标体系。该指标体系包括了一级指标 4 个、二级指标 22 个，并基于专家咨询法确定了各具体指标的权重赋分，具体指标及指标赋分如表 5-3 所示。

表 5-3　科技成果转移转化示范区建设评价指标体系

一级指标	序号	二级指标	指标赋分
组织领导与政策保障能力（30 分）	1	成立工作领导小组，健全组织领导体制	6
	2	具有具体明确的建设与推进单位	3
	3	建立决策议事与协调推进机制	4
	4	出台促进科技成果转化的决定或意见及配套政策	10
	5	设立科技成果转化专项资金	7
科技成果转化能力（45 分）	6	科技成果转化产业基金达到一定规模	8
	7	拥有实体化法人制科技成果转化专业服务机构	5
	8	从事科技成果转化人员队伍规模	3
	9	科技成果转化公共服务平台支撑能力	7
	10	网上成果转化交易平台建设情况	4
	11	拥有开展科技成果转化的省级及以上科技创新平台	8
	12	实体技术交易市场建设规模	5
	13	组织专题科技成果转化对接活动成效	5

续表

一级指标	序号	二级指标	指标赋分
科技成果转化效益（15 分）	14	年度科技成果转化协议合同数量	2
	15	年度技术交易合同额	4
	16	技术交易合同额年度增长率	2
	17	科技成果转化支撑产业转型升级成效	3
	18	科技成果转化带动经济效益占 GDP 比重	3
示范区建设特色与自评估（10 分）	19	制定切实可行的科技成果转化示范区建设方案	3
	20	先行先试政策突破情况	3
	21	形成可复制推广的试点建设经验情况	2
	22	组织定期的试点建设评估	2

第五节　以示范区为载体推进科技成果转化面临的制约分析

科技部批复山东省建设济青烟国家科技成果转化示范区，为推进山东省科技成果转化提供了非常好的契机。近年来，山东省科技成果转化工作取得了较大发展，为加快新旧动能转换发挥了重要作用，山东省建设国家科技成果转移转化示范区也具备了良好的基础。但同时，当前以示范区为载体全面推进山东省科技成果转化工作也面临以下障碍与困难。

（一）科技成果转化政策落实存在障碍

科技成果转化政策出台后，政策的普及培训和政策指导很重要。一方面，不少高校、科研院所、科技企业还没有真正制定相关细则实质性地推进科技成果转化，而是在等待观望。另一方面，国家和地方政策文件的发布部门多，要准确把握好系列科技成果转化政策文件及其相互关系，对于高校、科研院所和企业的人员来说并不容易。这就需要政府或部门提供政策解读、培训辅导，加强体系化的培训和宣讲，加强科技成果转化政策在高校、科研院所、企业落实的指导和督导，建立科技成果转化政策落实监测机制，以有效推动科技成果转化工作。

（二）科技成果转化的市场化机制还不完善

在推进科技成果转化工作中，应明晰政府角色定位，重在“促进”，科技成果转化过程应重在建立市场化机制，政府的定位应是“促进”，而不是在“转化”上。政府如何发挥资源配置的引导作用至关重要，营造公平竞争的法律环境是政府的职责，而不应代替市场做科技成果转化。

（三）科技金融促进科技成果转化力度还不够

推进科技成果转移转化是一项系统性工程，涉及面广、难度大。当前，山东省民间资本投资实体经济，特别是投资科技型创新创业和科技成果转移转化项目的动力还不足、意愿还不强，需要通过新举措，发挥政府财政资金引导作用，推动民间资本成为推进科技成果转化的重要资本来源。

（四）科技成果转化载体建设还需加强

推进科技成果转化离不开成果转化载体的支撑。在科技成果落地转化过程中，其必须要借助一定平台载体。尽管山东省在国家工程技术研究中心和企业国家重点实验室、国家科技企业孵化器、国家专业化众创空间等国家级创新载体数量方面位居国内前列，但是市场化运作机制的产业技术研究院、新型研发组织等新型科技成果转化载体建设仍显薄弱。没有载体支撑也就无法把政策红利转变为模式红利、载体红利，打通实验室到市场、市场到中介、中介到用户的“最后一公里”，推动研究成果在市场得以检验、在载体中间得以运行。例如，广东省不断加大力度培育以中国科学院深圳先进技术研究院等为典型代表的新型研发机构。广东省经科技厅认定的新型研发机构有 180 家，数量超过广东全省科研机构的 1/3；浙江省仅宁波市就建立了 65 家新型产业技术研究院。这些新型研发机构为促成科研成果产业化提供了强有力的支撑，扮演了促成科技成果产业化的“红娘”角色。

（五）科技成果转化推进协同机制还不完善

科技成果转化涉及研究、开发、商品化、转化、产业化等多个环节，涉及政产学研金介等多个主体，涉及资金、技术、人才、信息等多个要素。这些环节和要素对应着若干政府部门。科技成果转化各环节、各主体之间能否协调配合好对于科技成果转化能否顺利进行至关重要。高校、科研院所、科技企业和科技人员在实施科技成果转化过程中遇到的问题往往不是单一部门就能解决，需要多部门协同，因此建立有效的跨部门政策落实协同机制十分重要。例如，武汉市深化体制创新，开创性地成立科技成果转化局，专门机构、专门人员集成推进科技成果转化，成立校地协同、高位对接的领导小组，对统领、协同推进成果转化起到极大推动作用。

第六节　建设国家科技成果转移转化示范区的对策建议

一、加强示范区建设总体统筹谋划

加强示范区建设总体统筹谋划，做好省级层面科技成果转化顶层设计主要内容包括：

（一）成立示范区建设领导机构，统筹协调全省示范区建设工作

成立由分管副省长直接任组长，省委组织部、发改委、经信委、财政厅、科技厅、金融办等有关部门分管副职、各相关市分管副市长任副组长的示范区

建设领导机构，统筹协调全省示范区建设工作。地方政府在科技行政部门设立跨部门的科技成果转化协调服务机构，协调解决示范区建设中遇到的各种问题。

（二）建立省市区三级（县）联动、协同推进机制

充分调动省、市、区各级参与示范区建设的积极性，形成协同推进的强大合力。开展省级科技成果转移转化示范区申报和创建工作，对示范区建设实施分类管理，建立核心区、枢纽区和支点区三级联动建设机制。其中，核心区为山东省国家科技成果转移转化示范区的核心支撑区，应达到省级科技成果转移转化示范区中的“优秀”等级；枢纽区作为山东省国家科技成果转移转化示范区的重要支撑区，应达到省级科技成果转移转化示范区中的“良好”等级；支点区作为山东省国家科技成果转移转化示范区的关键支撑区，应达到省级科技成果转移转化示范区中的“合格”等级。

二、打造示范区推进科技成果转化政策体系

打造示范区推进科技成果转化政策体系主要内容包括：

（一）围绕示范区建设，出台有示范意义的综合性文件

围绕科技成果转化的研发、孵化、中试、商品化、产业化等全链条，考虑技术、资金、人才、信息、服务等全要素，做好政策衔接和政策创新，谋划设计系列推进科技成果转化的政策细则和办法，打造形成一个相对完善的政策体系，在示范区先行先试，以强有力的政策组合提供根本保障。

（二）抓好政策落实及实施督查

引入第三方评估，及时发现总结政策试行过程中存在的问题，做好政策优化完善，积极探索一套操作性强、可复制的以示范区建设为载体推进科技成果转移转化的政策模式。

三、优化配置科技成果转化各要素资源

优化配置科技成果转化各要素资源主要内容包括：

（一）研究设立示范区建设专项资金

资金用于组织实施科技成果转化工程、扶持科技成果转移转化服务机构、培育科技成果转移转化人才队伍及相关科技成果转移转化活动等示范区专项建设，同时要求地方对示范区建设配套匹配相应专项经费。发挥山东省现有科技成果转化相关基金的引导作用，积极引导民间资本成立专业性强、产业领域明确的科技成果转化基金，为示范区建设提供资金支持。

（二）培育打造一支专业化的科技成果转移转化人才队伍

尽快建立全省技术经纪人的资格认证、培养、培训等一套完整规范的科技成果转移转化人才培育与引进机制，为推进科技成果转化提供中介服务和人才基础保障。

（三）强化科技成果转化服务机构与平台载体建设

建立综合性、区域性、行业性相互衔接、互为补充，线上线下相互融合的统一的技术市场体系；组织实施省级中试基地、省级技术转移示范机构的认定与评估工作，鼓励有条件的企业主动承担省级中试基地省级技术转移示范机构的建设工作或鼓励高校、科研院所组建企业法人制的技术转移转化示范机构，扶持壮大一批优秀的科技成果转移转化服务机构，发挥中介服务机构对科技成果转移转化的关键枢纽作用。

四、促进新旧动能转换重大工程相契合的成果落地转化

促进新旧动能转换重大工程相契合的成果落地转化主要内容包括：

（一）以创新成果转移转化推动新旧动能转换

按照山东省新旧动能转换综合试验区建设总体规划与部署，围绕实施规划确定的五大重点培育新兴产业和五大重点提升改造传统产业，抓好十大产业领域的科技成果研发攻关、成果培育引进、成果落地转化，以创新成果转移转化推动新旧动能转换，实现产业高质量发展并向全球价值链高端跃升。

（二）组织实施重大科技创新工程

结合新旧动能转换聚焦的十大产业，组织实施重大科技创新工程，每年遴选产业领域重大项目并给予科技立项支持，加大技术攻关力度，为提供高质量成果供给提供支撑。

（三）不断优化完善科技成果转化项目库

每年从项目库中有重点地筛选一批技术先进、成熟度相对较高的先进创新成果进行扶持，推动成果产业化。

（四）有重点地培育产业集群

聚焦十大产业，结合新旧动能转换重大工程实施规划确定的产业相关重点领域，立足产业发展实际，有重点地培育一批百亿级、千亿级创新型产业集群，切实为产业新旧动能转换提供支撑。

（五）加强新型成果转化载体建设

通过建立产业技术创新战略联盟、产业技术研究院、高校院所与企业联合实验室等形式，打造一批新型成果转化载体，探索成果转化的新机制新模式，促进其成为高层次人才团队的承接载体和重大科技成果产业化的关键支撑载体。

五、建立示范区建设监测、考核评估机制

建立示范区建设监测、考核评估机制主要内容包括：

（一）加强示范区建设考核督导

研究建立地方科技成果转化工作考评机制，定期对示范区各地方科技成果转化项目情况、示范区建设主要指标完成情况进行考评，强化各地、各部门的主体责任，形成一级督一级、层层抓落实、全方位督促检查的工作格局，确保各项任务部署顺利完成。

（二）建立示范区招商引资与招才引智协同推进机制

实行一体化考核，研究制定考核标准，引进不同层次人才视同完成一定额度的招商引资任务，加强示范区高层次人才及其团队引进力度，尤其加大优秀成果转化项目的人才及其团队引进力度，将考核情况作为科技资源支持的重要依据。

（三）建立省、市定期沟通交流机制

山东省科技厅定期组织召开示范区建设经验交流与研讨会，加强各示范区承建区（尤其是核心区城市）之间的经验交流与问题研讨，及时总结示范区建设的特色与经验模式，协调解决遇到的问题，形成示范区建设的有效合力。

六、实施科技成果转化品牌培育工程

实施科技成果转化品牌培育工程主要内容包括：

（一）加大科技成果转化品牌培育力度

发挥示范激励引导作用，打造一批特色的科技成果转移转化示范县（市、区）、高校（科研院所）和企业（机构），针对科技成果转化的成果供给、技术转移服务、成果产业化等成果转化链条各环节，探索形成一批可复制、可推广的科技成果转化机制和模式。

（二）将市场化竞争机制引入科技中介建设

在政策上给予税收减免、资金补助、政府采购服务等支持，加快培育一批社会化、市场化、专业化水平高的科技中介服务机构知名品牌。开展技术经纪人资格认定与等级评定，加快培育一批金牌技术经纪人；依托高校、科研院所、行业龙头企业，联合国际知名技术转移机构，重点培育一批（国际）科技合作和技术转移示范基地，带动山东全省构建形成与"一带一路"沿线国家的科技成果双向转移转化。

（三）组织开展优秀科技成果转化项目评选

组织开展转化特色鲜明、成效显著、具有典型示范意义的项目筛选，设立重大科技成果转化专项资金，对重大科技成果转化及产业化项目给予后补助奖励，激励引导更多的创新成果不断涌现和高效转化。

（四）培育发展一批新型研发组织

围绕新旧动能转换十大产业发展需求，积极培育发展一批投资主体多元化、运行机制市场化、管理制度现代化、产学研紧密结合，以研发、技术服务、科技型企业孵化为主要业务的新型研发组织，实现基础研究、前沿技术开发、工程化和产业化一体化贯通。

（五）培育打造一批科技成果转移转化公共服务平台

培育打造一批市场化水平高、自我发展能力强、创新公共服务成效显著的具有较强科技成果吸纳、转移、推广和中间试验服务能力的区域性、行业性科技成果转移转化公共服务平台，提升全省科技成果转化公共服务供给能力。培育打造一批优秀科技企业孵化器和众创空间，发挥其示范引领和带动作用。

七、打造成果转化新形象、新品牌

打造成果转化新形象、新品牌主要内容包括：

（一）加大对示范区建设工作的宣传力度

对在示范区建设中形成的可复制、可推广的经验和模式及时进行总结推广，强化山东科技工作新形象、新品牌，发挥促进科技成果转移转化的示范带动作用。

（二）表彰在示范区建设工作中成绩突出的单位和个人

发挥其激励引导作用，激发全社会的创新创造活力，营造全员关注、各方支持、积极参与科技成果转移转化的良好社会氛围。

第六章 山东省典型区域推进科技成果转化实践研究

第一节　济南市加快推进科技成果转化研究

济南市大力实施创新驱动发展战略，不断深化科技体制改革，努力建设区域性科技创新中心，加速推进新旧动能转换先行区建设。

一、济南市推进科技成果转移转化的现状

2015年以来，济南全市聚力“打造四个中心，建设现代泉城”，大力实施创新驱动发展战略，深化科技体制改革，加速新旧动能转换，着力构建以企业为主体、市场为导向、产学研深度融合的技术创新体系，积极推进区域性科技创新中心建设，加速科技成果资本化、产业化，着力打造经济发展新引擎，以科技成果转移转化助推产业转型升级。济南市连续六届被科技部评为“全国科技进步先进城市”，先后荣获首批“国家创新型试点城市”“中国软件名城”“国家知识产权示范城市”“国家智慧城市试点城市”等称号。2017

年，济南全市 R&D 占 GDP 比重达到 2.40%，企业 R&D 经费投入达到 156.70 亿元，增速为山东省第一名，由全省第 4 位升至第 3 位。2017 年，济南市高技术产业累计实现主营业务收入 879.50 亿元，规模以上工业企业实现高新技术产值 2661.20 亿元，占规模以上工业产值比重达到 45.13%，规模以上工业企业 R&D 经费内部支出占主营业务收入比重的 1.79%；济南市万人有效发明专利拥有量达到 25.58 件，技术合同登记数 5886 项，技术合同交易额达到 70.25 亿元，同比增长 56.84%，由山东省第 4 位升至第 2 位。通过努力，济南市在推进科技成果转移转化方面取得显著成效，为转方式调结构，加速新旧动能转换提供了有力支撑。

（一）科技成果转移转化政策环境不断优化

围绕加快建设区域性科创中心及推进科技成果转移转化，济南市委市政府出台了《济南市推进区域性科技创新中心建设若干政策》及十余项配套政策、《关于促进高校和科研院所协同创新和成果产业化的若干政策（试行）》、《关于深化人才发展体制机制改革促进人才创新创业的实施意见》及 18 项配套实施细则、科技创新券制度等系列政策文件，形成了比较完善的政策体系。为加快培育和推动济南市技术市场发展，出台了《济南市加快技术市场发展管理办法（暂行）》《济南市技术市场培育补助资金暂行管理办法》，对技术交易买卖双方，经技术合同登记后，按其年度合同交易额，最高给予 100 万元和 80 万元补助；对技术转移转化服务机构，按其年度合同交易额，最高给予 200 万元补助。济南市认真贯彻落实支持企业创新发展及成果转化的各项优惠政策，据济南市科技局统计，仅 2017 年就为 367 家高新技术企业落实税收减免优惠 13.36 亿元；655 家企业享受研发费用加计扣除政策落实额度 28.12 亿元；省、市、区三级联手共为 167 家企业落实研究开发财政补助 1.02 亿元，充分调动企业加大研发投入和推动成果转移转化的积极性。

（二）科技成果转化平台载体建设逐步完善

支撑技术创新和科技成果转化的平台载体不断完善，初步形成了以企业为主体、市场为导向、产学研相结合的技术创新体系。济南市拥有国家信息通信国际创新园、国家超级计算济南中心、国家信息产业高技术基地、济南量子技术研究院等多个国家级平台载体。据济南市科技局统计，截至2017年，济南市共建成各类企业研发机构813家（包括企业技术中心287家、工程技术研究中心460家、工程研究中心54家、企业重点实验室12家），其中国家级平台41家（26家国家认定企业技术中心、5家国家工程实验室、5家国家地方联合工程实验室、2家国家重点实验室、2家企业国家重点实验室、1家省部共建国家重点实验室）、省级平台259家；济南市拥有各类生产力促进中心17家，其中国家级3家、省级7家；国家火炬产业基地总数达16家，分布在章丘区、高新技术产业开发区、历下区等9个区县，其中国家火炬计划特色产业基地15家，国家火炬计划软件产业基地1家。积极打造“泉城众创空间”和科技企业孵化器品牌，2017年建成各级各类科技孵化器34家，其中国家级孵化器11家、省级孵化器13家、市级孵化器10家。各类孵化器孵化面积达78万平方米，在孵企业1427家。建成“泉城众创空间”114家、孵化创新创业团队1641个。济南市已在德国、美国等分别建成海外孵化器3家，共建成海外研发机构20家。这些科技成果转移转化平台载体的不断完善为加速推进科技成果转移转化提供了支撑。

（三）推动科技成果转化的各类资源加速集聚

作为省会城市，济南市拥有丰富的人才资源。据济南市科技局统计，2017年驻济南市高校有43所，省级以上科研院所有108家，科技人员总量达60余万人，居山东省之首。

济南市高度重视科技成果转化工作和产学研用一体化发展，利用驻济南市高校、科研院所的科技人才优势，深化与企业的交流合作，加快科技成果落地转化，在科技成果转化资源集聚方面取得了明显进展。山东工业技术研究院科研孵化基地首期4.4万平方米办公区投入使用，国内首个商用量子通信专网在济南市建成并通过验收；国内首个大数据流通与交易技术国家工程实验室在济南市落户，宽禁带半导体、脑科学等创新平台加快建设。作为全国第8个、全球第 12 个专业性技术转移中心，国家技术转移东部中心交通产业中心落户天桥区。与中国科学院、山东省国有资产监督管理委员会等各方共同推动山东中科科技园项目顺利落地，为加速推动中国科学院的先进科技成果优先在济南市企业落地转化奠定了良好基础。中国重型汽车集团有限公司研发推出国内首台氢燃料新能源汽车；浪潮集团有限公司获批建设全国首个大数据流通与交易技术国家工程实验室；济南二机床集团有限公司新型冲压设备自动化送料系统和大型五轴联动数控机床及核心功能部件研发成功打破国外垄断。微软金融科技孵化器、中德技术研究及产业转化中心、中关村领创空间、北斗导航位置服务数据中心山东数据分中心等重大创新创业平台先后落户济南市。

（四）科技金融服务支撑科技成果转化能力不断提升

省、市、区联合建设科技金融大厦（平台）和泉城科创交易大平台，形成集金融服务、成果转化、技术交易于一体的区域性服务中心，探索形成了全国领先的“评、保、贷、投、易”五位一体科技金融和成果转化服务模式。搭建了“企业池”、“担保池”、“银行池”和“项目库”三池一库，2017 年入库企业达 1500 余家。泉城科创交易大平台暨山东科技金融服务平台（线上平台）共收录最新科技成果近 10 万条、技术需求 12 000 余条、科技专家 8300 人，与中国技术交易所“技 E 网”数据库实现同步更新。建立山东省科技金融服务中心、产学研协同创新基金，组织举办“科技+金融+人才”专场融资对接会，针对特色园区提出“科技+金融+园区”精准融资解决方案，通过完善金融支持，提升科技型中小企业获得金融服务的便捷性与持续性。2017 年，科技金融大厦聚集高端评估机构 4 家、科技成果转移转化机构和知识产权机构 12 家、政策性担保机构 3 家、科技合作银行 6 家、创投基金 10 支等 7 大类、36 家高端科技服务机构和金融机构。建立了 2000 家市级科技风险补偿金企业池，开展精准服务。建立区县联络员制度，打造了辐射各区县的技术需求和融资需求征集的网格化服务体系。同时成立了济南科技金融协会、济南市科技企业挂牌上市专家委员会和山东互联网金融研究院等协会组织，初步建立起了本地化支持科技成果转化的多层次金融服务体系，区域性科技成果转化与科技金融服务平台的辐射带动作用已经初步显现。

（五）国际科技合作助推科技成果转化成效显著

济南市积极拓展科技合作交流渠道，建设科技合作与交流服务平台，实施科技对外开放全球布局，推动济南市中小企业走出去，融入全球创新网络，加强济南市与欧洲企业的产业合作及交流，帮助企业实现技术水平改造和产品质量提升，推动高质量成果的转化和落地。微软金融科技孵化器在济南市落户，德国斯加特市中德中小企业协同创新中心、浪潮集团有限公司济南硅谷海外孵化器相继建成并投入使用。截至 2017 年年底，德国斯图加特市的中德中小企业协同创新中心入驻企业达到 40 余家，部分企业通过该平台实现了跨国合作和并购；2017 年，齐鲁制药有限公司、山东天岳晶体材料有限公司、山东华凌电缆有限公司、山东博科生物产业有限公司 4 家企业分别在美国、瑞士等国建立企业海外研发机构。全市累计已建成海外孵化器 3 家、海外研发机构达 20 家，欧盟板块和欧美亚网状布局的对外科技合作结构基本形成。济南市连续两年成功举办中德中小企业合作交流会，中德（济南）中小企业合作区揭牌成立，形成了“海外孵化器+国内加速器+产业园区+投资基金”的新模式。

二、济南市推进科技成果转移转化中存在的问题

科技成果转移转化难是一个世界性问题，各国都多少存在科技成果转移和转化不畅的问题。我国的科技成果转移转化同样存在转化难、转化不畅的问题。制约国内科技成果转化的因素涉及科技体制、科技评价体系、科技文化、科技人员与企业家心态、知识产权保护等多个方面。

我国科技成果总体质量不高，科技成果转化率较低，普遍存在制约科技成果转化的一些共性困难与类似问题：科技成果转化体制机制尚不完善，一些制约科技成果转化的体制机制问题还没有得到根本解决，金融资本和民间资本参与科技成果转化的机制仍不健全；高校、科研院所科研考核评价体系还不完

善，以转化和应用为导向的人才及成果评价机制尚未建立，激励科技人员创新及成果转化的长效机制尚未建立；企业与高校、科研院所的产学研合作不够紧密，广泛深入的产学研协同创新体系还未充分形成；高校和科研机构的成果与产业、企业的对接率不高，企业科技创新和成果转化的主体地位不够明显；科技成果转化服务体系尚不够健全，科技中介服务机构和科技成果转化人才队伍建设滞后于市场需求，尚未形成有效科技成果转化市场体系，科技成果价值评估、风险投资、技术经纪、技术权益保护、技术市场基础设施建设等方面缺乏力量和集成。

与国内其他先进城市相比，济南市在科技成果转化方面也存在一些不足和问题：

（一）产业发展整体实力水平严重滞后，创新发展水平偏低

1. 产业总体实力发展严重滞后，尤其是工业总体发展不容乐观

总的来看，济南市支撑产业发展的行业大型龙头企业总体偏少，工业产值在山东省居第14位，工业不发达成为制约创新发展和成果转化的一大短板；2017年，三次产业比例为4.4∶35.7∶59.9，尽管三大产业所占比例接近60%，但为促进工业技术进步、产业升级和提高生产效率提供保障服务的生产性服务业所占比重较少，导致产业转型升级、创新发展和成果转化支撑力度不够。

2. 高新技术产业规模总体既小又弱，科技新动能后继乏力

2015年以来，济南市高新技术产业发展步入了快速增长阶段，尽管高新技术企业的数量和规模有了较快增长，但是与先进地区相比，济南市高新技术产业总体发展仍存在一定的差距。从高新技术企业数量来看，截至2017年年底，济南市拥有高新技术企业总数有1074家，而青岛市拥有的高新技术企业总数有1348家，南京市拥有的高新技术企业总数达到1850家，武汉市拥有的高新技术企业总数突破2000家，广州市拥有的高新技术企业总数超过8700家。从产值规模看，2017年济南市实现规模以上高新技术产业产值2661.18亿

元；而山东省内青岛市高新技术产业产值7531.37亿元，烟台市规模以上高新技术产业产值也达到6314.69亿元；山东省外南京市、武汉市高新技术产业产值均超过8000亿元，广州市高新技术产业产值达9800余亿元。总的来看，济南市的工业基础薄弱，高新技术企业总体数量较少、规模较小、水平偏低，相当数量的高新技术企业仍处在孵化阶段，产品处于市场价值链底端，对传统产业的扩散和辐射作用不强、对相关产业的带动力还不够，对经济的促进作用还不够明显。

3. 科技投入严重不足，创新发展总体水平偏低

创新发展是促进济南市经济社会发展水平提高的首要动力。作为省会城市，济南市具有较强的引领和带动作用，但是在创新发展方面的资金投入还不足，科技研发投入占GDP比重为2.4%，仅与山东省平均水平持平，居山东省第9位，创新发展水平整体偏低。根据《中国城市科技创新发展报告2017》，济南市科技创新发展指数为0.329，居全省第二位（青岛市为0.347），仅居副省级城市第13位（武汉市为0.405，居第3位；南京市为0.390，居第5位）、26个省会城市第16位。

（二）驻济南市高校、科研院所工科优势不强，大科学研究平台匮乏

济南市大力推进科技创新平台和科技成果转化平台建设取得了明显进展，但是与先进省市相比较，总体发展仍存在一定的差距。

1. 驻济南市工科大学院所工科优势较弱，可转化的高质量成果总体偏少

尽管济南市在山东省内占据的科教资源比较丰富，但驻济南市高校中工科院校较少，山东大学部分专业迁入青岛市，山东工业大学作用发挥不够，齐鲁工业大学与山东省科学院仍在科教融合阶段，其他高校、科研院所难以支撑济南市的工业发展。与位于杭州市的浙江大学、位于南京市的南京大学与东南大学、位于合肥市的中国科学技术大学、位于成都市的四川大学相比，工科办学实力和整体水平相对经济社会发展需求和新旧动能转换重大工程实施，存在明显的支撑不足，可在济南市转化的高质量成果总体偏少。

2. 承担大科学研究的高端创新平台及研发机构严重匮乏

缺乏国家级大科学装置、大科学工程、重大科技项目的布局，国家级平台、研究机构等国家级创新载体匮乏。从国家级创新平台来看，目前济南市只有山东大学拥有 2 家国家重点实验室、齐鲁工业大学（山东省科学院）1 家省部共建国家重点实验室获批建设、浪潮集团有限公司、济南二机床集团有限公司 2 家企业国家重点实验室。中国科学院在济南市没有专门的分支机构，而青岛市有中国科学院的 2 个研究所。中国科学院光电技术研究所、中国科学院自动化研究所等 7 个科研院所在青岛市建设了研发基地。并且，青岛市在积极谋划建设中国科学院大学青岛校区、中国科学院青岛分院等机构。截至 2018 年 6 月，武汉市拥有 27 家国家重点实验室、19 家国家级工程（技术）研究中心，中国科学院在武汉市设有中国科学院武汉分院。南京市拥有 31 家国家重点实验室、中国科学院有 6 个研究所位于在南京。广州市拥有 19 家国家重点实验室、中国科学院分支机构 8 家。合肥市拥有国家重点实验室和国家工程实验室 16 家。中国科学院分支机构在合肥市有 3 家，在郑州市有 7 家。可以看出，与国内先进市相比，济南市的国家级高端创新和研发平台数量与规模是一大短板。

3. 新型研发机构建设相对滞后，新一代科技承载力量严重不足

新型研发机构作为推动科技与经济深度融合、加速科技成果转化、实现创新驱动发展的新型载体，国内一些先进省市高度重视其培育发展和壮大。截至 2018 年 6 月，南京市已经培育认定 123 家新型研发机构，宁波市已经引进建立了 65 家新型产业技术研究院。与先进城市相比，济南市在新型研发组织建设方面尚需加大力度，进而为加速科技成果转化、推动产业转型升级提供动力支撑。

（三）科技金融通道依然不畅，科技服务业发展严重滞后

科技中介服务机构是加速科技成果向现实生产力转化的关键措施。从总体上看，推动科技成果转化的科技服务体系还不够系统化，科技服务业总体实力较弱，不发达，不活跃。

1. 科技金融支持体制机制还不够健全和成熟

尽管用于支持科技成果转化的各类基金的数量不断增加，金融支持科技成果转化的方式和手段呈现多样化，但基金顶层设计的机制还不够完善，考核机制不尽合理，多数基金对科技成果转化项目不敢投、不愿投，天使投资几乎为空白。

2. 加大领军、龙头科技中介服务机构的培育引进力度

科技中介服务机构发展仍处于起步阶段，其数量和功能上尚不能适应科技成果产业化的需要。

3. 亟须加强专业化、体系化、规范化的技术经纪人才队伍建设

专业化、市场化、国际化的技术经纪人才队伍是推进技术市场发展的中坚力量。当前，技术经纪人的资格认定、技术经纪人培养培训、科技评估师队伍建设等方面的工作亟须开展，加强专业化的技术经纪人才队伍建设。青岛市在全国率先开展科技成果“标准化”评价，积极探索科技成果标准化评价“青岛模式”，在技术经纪人、技术经理人专业人才队伍建设方面走在了前列，截至2018年5月，已成功培训并取得资质的技术经纪人512人、科技成果评价从业人员188人，打造形成了一支700人的科技成果转化专业化人才队伍。

（四）高层次科技人才发展严重落后

高层次科技领军人才在推动重大科技项目落地、重大创新平台载体建设、人才团队培养、加速科技成果转化方面发挥着不可替代的重要作用。济南市人才工作与“打造四个中心，建设现代泉城”的发展目标相比，在高层次人才队伍建设方面尚有待进一步加强。截至2018年，济南市目前拥有两院院士9人、国家“千人计划”专家93人；而山东省内青岛市有两院院士33人、国家“千人计划”专家180人；与省外同级城市相比，济南市也存在较大差距。南京市有两院院士81人、国家“千人计划”专家359人；武汉市有两院院士68人、国家“千人计划”专家392人；广州市有两院院士77人、国家“千人计划”

专家 216 人。高层次人才特别是高层次科技领军人才匮乏已经成为制约当前推动科技成果转化的一个重要因素。

（五）科技政策落地执行效率低下，创新创业生态尚未建立

近年来，济南市围绕“打造四个中心，建设现代泉城”，不断优化创新创业环境，但仍需在政策落实方面进一步优化。

1. 改革思想相对保守，创新观念变革不深

思想解放不够，研究制定政策时留有余地。例如，济南市出台《关于深化人才发展体制机制改革促进人才创新创业的实施意见》，引进人才的各类政策仅限于驻济南市企业享受，而驻济南市的高校、科研院所在引进人才时则无法享受该项政策。

2. 科技政策的宣传力度、深度有待进一步增强

近些年，从国家到省、市，出台的关于科技成果转化的相关政策很多，但有些中小企业对优惠政策和支持政策知晓度低，导致政策效应发挥大打折扣；其次，科技政策真正落地存在困难。有些政策在政策贯彻落实过程中缺乏具体的落实细则，缺乏统一、规范的考量标准和有效的约束，导致政策落地难。

3. 科技成果转化资金的市场化运作体系尚未建立

成果转化资金支持多以财政引导性资金为主，民间社会资本对科技成果转化的带动支持较少。对于科研机构通过科技立项或自己研发已经形成的成果，科技专项资金支持还比较缺乏。

4. 科技成果转化氛围营造还不够浓厚，典型案例宣传不到位

驻济南市高校、科研院所的科教资源丰富，但驻济南市高校周边的创新创业氛围营造还不够，激发大学生创新创业活力、打造具有浓厚氛围的双创环境有待加强统筹规划和进一步提升。

三、推进济南市科技成果转移转化的对策建议

推进济南市科技成果转移转化的对策建议主要有：

（一）加强科技成果转移转化政策体系建设

1. 解放思想，破除陈旧的思想观念

深入学习贯彻习近平新时代中国特色社会主义思想，持续深化改革，强化现代发展意识，把济南市的发展融入山东省、全国发展大局中，从窄视野、小格局发展中解放出来，提高政策导向开放度，推动更多人才集聚济南市，更多成果在济南市落地转化。

2. 提高企业对相关政策的知晓度

及时将中央及其有关部门、省、市出台的与科技成果转化有关的政策文件进行汇编，汇编成册并免费向社会发放，或者将科技成果转化政策文件在政府及有关部门的门户网站上以专栏形式发布，并定期更新，注重借助新媒体进行政策宣传推广，提高企业尤其是中小企业政策知晓度。

3. 加强政策精准宣讲与解读

通过媒体、政策宣讲会的方式进行宣传推广，保证出台制定的科技成果转化相关政策能够及时传递到科技成果转化相关主体，组建科技成果转化政策宣讲团，加强科技成果转化相关政策精细解读，组织到驻济南市高校、科研院所、企业集团、科技企业和社会组织解读科技成果转化政策，及时回应高校、科研院所、企业集团、科技企业、社会组织和科技人员在科技成果转化中提出的问题、存在的疑虑、遇到的障碍或困难等。

4. 建立科技成果转化政策咨询服务机制

不断拓展科技成果转化咨询服务渠道，如通过电话、网络、微信、邮件等途径，接受高校、科研院所、企业、社会组织及科技人员、技术经纪人等各级

各类咨询，逐步打造统一规范的科技成果转化政策咨询服务平台。

5. 加强各项科技政策协同

全面清理滞后失效的政策，加强科技、财政、投资、税收、人才、产业、金融、政府采购、军民融合等各个方面政策的有机协同，对科技成果转化政策进行持续优化，提高政策的科学性、实用性和指导性。充分发挥已出台政策的政策叠加效应，形成促进科技成果转化的整体政策合力。逐步建立完善跨部门的科技成果转化政策协调服务机制，设立专门的政策协调服务机构，统筹协调解决科技成果转化中的政策落实问题，不断优化完善科技成果转化政策体系。

6. 加强科技成果转化政策监测与评估

加强对税收优惠政策落实情况监测和督查力度。引入第三方机构对科技成果转化政策进行评估，通过评估找出高校、科研院所、企业集团、科技企业在落实科技成果转化政策中存在的问题，进而有针对性地优化完善政策，提升科技成果转化的政策保障力。

（二）推进科技成果转移转化平台载体建设

1. 加强源头创新载体建设

支持驻济南市高校向研究型大学发展，提高工科办学实力和水平。加强科技对外合作，加大力度引进国内外知名科研机构、工科知名高校到济南市设立分支机构或分校，持续提升源头创新能力，提升驻济南市高校、科研机构对新旧动能转换重大工程实施的支撑力。

2. 加大国家级平台载体建设

立足新旧动能转换优势产业基础，充分发挥驻济南市高校。科研院所、龙头企业科技资源优势，联合共建一批重大创新平台，支持其争创国家级重点实验室等国家级创新平台。加强超前谋划和布局，建设一批类似济南国际医学科学中心这样的大平台载体，培育形成更多国家级创新平台载体支撑，力争在国家重大科学装置、大科学计划和大科学工程布局上占有一席之地。

3. 加强公共技术服务平台建设

依托驻济南市高校、科研院所资源优势，提高科技资源共享水平与利用效率，联合打造一批服务行业发展和产业关键共性技术攻关的公共技术服务平台、行业中试平台，为中小企业创新发展提供服务支撑。

4. 大力培育和发展新型研发组织

学习借鉴先进经验，面向产业发展，创新建设模式和运行机制，通过联合驻济南市高校、科研院所或引进国内外知名高校、科研院所在济南市设立研究院、产业技术研究院等方式，培育打造一批以市场需求为导向、企业化模式运作，集高技术研发与产业化为一体的新型研发组织，为产业转型升级、新旧动能转换提供有力支撑。

5. 打造科技成果转移转化公共服务平台

加大财政投入力度，加强科技成果转化公共服务平台建设，以科技金融大厦为载体支撑，积极推进省市共建山东省科技成果转移转化服务中心和山东省科技金融服务中心工作，吸引国有基金投资公司、地方政策性投资公司、担保公司、风投公司的入驻，优化各类基金顶层设计与运行机制，切实发挥好政府引导基金与民间社会资本有机结合、共同支持科技成果转化的作用。加快建设“泉城科创交易大市场”、科技大市场、知识产权一站式公共服务平台，打造集成果转化、技术交易、金融服务等于一体有全国影响力的区域性科技大市场与科技金融服务中心。

6. 打造科技成果转移转化精准对接平台

推进科技成果供需信息共享，充分利用行业协会、中介组织等广泛收集企业需求与高校、科研院所科技成果，完善平台发布供需信息机制，促进成果转化供需双方精准对接。加强与驻济南市高校、科研院所、中国科学院、国内知名高校的密切联系，建立定期举办科技成果转化活动的常态机制，通过定期组织开展科技交流和重大科技成果转移转化合作活动，多采用分领域分专题方式，以重大科技成果转化项目推介会、科技成果产业化论坛、举办创新创业大赛等多种形式，推动科技成果供需双方的有效对接，打造形成一批有影响力的科技成果转化对接活动品牌。

（三）加强科技成果转移转化人才队伍建设

1. 实施高层次创新创业人才集聚工程

深入实施“顶尖人才集聚计划”“泉城‘5150’引才倍增计划”，结合新旧动能转换产业人才需求，用好《关于深化人才发展体制机制改革促进人才创新创业的实施意见》及其配套政策，发挥驻济南市高校和科研院所平台优势，以驻济南市高校和科研院所为桥梁与纽带，加大国内外知名研发机构、高端人才和团队引进力度，拓展引才引智渠道，提高引才引智精准性，为服务济南市本地企业、产业发展提供有力支撑。例如，引进的国家“千人计划”顶尖人才、美国科学院院士朱健康院士及其团队，并依托其团队打造国际知名的植物基因编辑技术平台和产业基地，对带动济南市乃至山东省育种行业发展具有重大意义，也将推动该领域国家级乃至国际级的成果在济南市落地生根。

2. 实施青年科技人才储备计划

加强本土优秀人才培养和储备，有计划、有步骤、有重点地遴选培养一批具有领军潜能、创新潜力的中青年骨干人才，培养支持其入选省级泰山系列人才工程、国家级人才工程。

3. 加快建设专业化技术经纪人才队伍

成立济南市技术经纪人协会，组织开展技术经纪人资格认证、学习交流与培训等，为技术转移人才培养提供保证。依托有条件的驻济南市高校、科研院所和机构，遴选建设一批技术经纪人培养基地，加快技术转移人才培养，打造一支规模 1000 人的专业化、职业化的技术经纪人队伍，并将高层次技术转移人才纳入市级高层次人才特殊支持计划，为成果转移转化提供专业化人才支撑。

4. 加强基层科技成果转化管理人才队伍建设

统筹推进市县（市、区）技术转移体系建设，完善技术转移体系组织管理，建立完善市、县（市、区）、乡（镇）级科技成果转化管理服务队伍。各县设立专职机构，配备专职人员负责技术转移管理工作，各（乡）镇设立一名专职科技副镇长，专门负责组织、协调、指导和宣传当地科技成果转化工作，形成上下协同推进科技成果转化的有效合力。

（四）完善科技成果转化体制机制

1. 强化全市科技工作的顶层设计

成立济南市科技创新委员会，强化对创新发展工作的领导，统筹协调济南市科技发展和创新能力建设，强化体制机制创新，推动济南市科技创新的发展，为打造区域性科创中心提供有力支撑和保障。成立由市政府一把手亲自任组长，市政府主要领导，科技厅、发改委、经信委、财政厅、金融办等部门主要领导，驻济南市重点高校、科研院所主要领导组成的校（院）地协同、高位对接的科技成果转化领导小组，统筹推进济南市科技成果转化工作。建立济南市科技成果转化定期调度和统筹协调机制，科技成果转化工作领导小组至少每半年集中召开一次会议，研究部署济南市重大科技创新项目、重大科技政策等，统筹协调解决推进科技成果转化中的重大问题。成立科技成果转化专家顾问团，为推进科技创新与成果转化工作提供高水平智库支撑。

2. 完善科技成果转化的管理服务机制

持续深化科技体制放管服改革，建立政府服务、市场化运作、多部门协同推进的新机制，不断优化科技成果转化制度和环境，切实发挥企业在创新和成果转化中的主体作用。发挥龙头企业的技术创新骨干作用，带领中小企业和科研院所形成创新集群，打造完善的产业链、创新链和科技成果转化链。

3. 健全产学研协同创新机制

充分发挥行业协会、学会等科技社团促进科技成果转化的重要纽带作用，整合创新资源，构建产学研协同创新服务平台，促进科技成果转移转化供需精准对接，推动科技成果转化与推广应用。围绕新旧动能转换明确的重点产业领域，推动企业与高校、科研院所深化合作，不断创新合作模式，通过创建山东工业技术研究院等新型研发机构、研发中心、产业技术创新战略联盟、新型孵化器、科技园等，促进企业、高校院所深度融合，打造科技成果转化的新引擎。

4. 健全科技成果转化激励机制

建立符合科技成果转化工作特点的岗位管理、人员选聘、职称评定和考核评价制度，完善科技成果转化收益分配激励机制，对完成、转化科技成果做出重要贡献的人员，将科技成果转化情况作为其专业技术职称评定、职务聘用聘任和考核评价的重要依据，建立完善科技成果转化人才激励长效机制。

5. 完善财政支持科技成果转移转化的普惠性投入机制

积极探索符合科技创新规律的财政科技资金投入方式，提高科技资源配置效益。研究针对科技成果二次开发、中试熟化、产业化的专项科技扶持计划，助推技术研发成果加速转化。发挥科技成果转化引导基金、各类产业基金等的杠杆作用，带动引导金融资本、民间资本等社会资本加大对科技成果转化的投入。积极探索偿还性资助、风险补偿、贷款贴息、后补助等方式支持科技成果转化，提升财政资金的使用效益。

（五）建立健全科技成果转化考核体系

1. 建立完善科技成果转化工作考评机制

积极引导各县（区）成立县（区）科技成果转化专职机构，研究出台《济南市科技成果转化工作考评实施细则》，定期对各县（区）科技成果转化项目情况进行考评，将科技成果转化政策落实及科技成果转化工作成效纳入对各级领导班子、各部门领导政绩的考核体系。

2. 建立完善招商引资与招才引智协同推进机制

将科技招商作为济南招商引资、招商引智的重要抓手，实行招商引资与招才引智一体化考核，将各县区科技招商任务目标完成情况纳入考核体系，建立完善考核标准体系，将考核情况作为科技资源支持的重要依据。

3. 强化地方科技成果转化主体责任

各区县建立科技成果转移转化的承载区，按照推进科技成果转移转化示范区的总体要求与部署，以科技成果转移转化承载区建设为抓手统筹推进科技成果转化工作；将承载区建设的主要指标实施情况纳入地方政府及相关部门绩效考评。采取独立第三方评估方式，建立健全县（区）级科技成果转移转化承载区建设监测评估体系，加强评估考核，作为资源配置支持建设的重要依据。

（六）实施科技成果转移转化专项工程

1. 实施科技成果转化品牌培育工程

发挥示范激励引导作用，打造一批特色的科技成果转移转化示范县（区）、高校（科研院所）和企业（机构），探索形成一批可复制、可推广的科技成果转化机制和模式。加大国内外知名技术转移机构的引进力度，培育壮大一批技术转移转化机构和技术转移示范基地；加快培育一批社会化、市场化、专业化水平高的科技中介服务机构知名品牌。

2. 实施“大学生留济创新创业工程”

结合现有人才政策，研究制定支持大学生留济创新创业的专项政策措施，吸引更多驻济南市高校优秀大学生留在济南市创新创业，更多省内外优秀大学生扎根济南市创业就业。

3. 实施新型成果转化载体培育工程

围绕新旧动能转换聚焦的十大产业发展需求，积极培育发展一批投资主体多元化、运行机制市场化、管理制度现代化、产学研紧密结合的以研发、技术服务、科技型企业孵化为主要业务的新型研发组织，推进基础研究、前沿技术开发、工程化和产业化一体化贯通。

4. 实施双创生态优化工程

依托驻济南市高校、科研院所科教资源集中的优势，推动重点龙头企业与高校、科研院所联合培育打造一批优秀科技园区、新型孵化器和众创空间。有选择地在驻济南市高校、科研机构集聚区域打造一批创新创业街区、环大学创新带等科技成果转化载体，发挥其示范引领和带动作用，营造形成创新创业和科技成果转化的良好氛围。

（七）打造山东科技成果转化的顶级策源地

1. 努力实施大科学计划大科学工程

国家正在积极牵头组织国际大科学计划和工程，济南市应该加强超前谋划和布局，力争通过大科学计划和工程的实施，加快高端人才集聚，支撑带动济南市科技综合实力提升。依托国家超级计算济南中心等高端平台载体，研究启动实施“自主超算生态”大科学计划和大科学工程，提升自主超算的核心竞争力，努力推动 E 级计算机落户济南市，将济南市乃至山东省打造成自主超算系统研制及大规模软件研发、应用开发、人才培养的高端基地。

2. 打造山东（济南）未来科学城

以建设新旧动能转换先行区为契机，在济南市新旧动能转换先行区范围内规划建设山东济南未来科技城，打造济南市高端人才、高端研发机构、高端产业在济落地的综合性载体，推进济南市成为国家科技成果转移转化示范区建设的核心承载区和示范样板。以科学城为载体重点聚焦战略性新兴产业领域，打造集聚高端人才新高地、抢占未来科技制高点、培育全新业态涌现地、形成高端产业策源地，推动实现创新平台、科教资源、人才产业的统筹布局和协同发展，全力塑造新旧动能转换、加速科技成果转化的样板。

第二节 德州市加快推进科技成果转化研究

近年来，德州市以落实京津冀协同发展战略为核心，以打造国家科技成果转移转化示范区为目标，以科技金融产业融合创新为抓手，不断完善科技成果转化政策体系，集聚优势创新资源，为促进产业转型升级、整体提升创新驱动发展能力，为构筑山东半岛国家自主创新示范区对接京津冀协同创新高地，提供了有力支撑。

一、德州市推进科技成果转化的基础优势分析

（一）德州市区位优势得天独厚

2015 年 6 月，中共中央、国务院印发《京津冀协同发展规划纲要》，将德州市确立为京津冀协同发展的辐射区，并赋予了“一区四基地”的功能，即支持山东省德州市建设京津冀地区南部重要生态功能区、京津冀地区产业承接、科技成果转化、优质农产品供应、劳动力输送基地。德州市处于华北、华东两大经济区的联结带、“环渤海经济圈”、“京津冀经济圈”、“黄河三角洲高效生态经济区”及大京九经济协作带交汇区，地理区位优势十分显著。

（二）山东省高度重视德州科技成果转化工作

2016 年 5 月，山东省委办公厅、省政府办公厅印发的《省委办公厅 省

政府办公厅关于支持德州加快融入京津冀协同发展的意见》明确指出，鼓励京津冀地区和山东省管的重大项目优先在德州市布局，支持德州市成为疏解北京非首都功能的“微中心”，打造产业转移载体。2016 年 9 月，山东省委省政府出台了《中共山东省委山东省人民政府关于深化科技体制改革加快创新发展的实施意见》，把“加快科技成果转化，形成市场品牌新优势”列为当前和今后一段时间突出抓好五个方面的重点工作之一，明确提出要着力打通科技成果转化通道，切实解决科技成果转化“起步一公里”和“最后一公里”问题。

德州市高度重视协同发展示范区建设，围绕建设京津冀地区“一区四基地”，制定了一系列加快推进科技成果转化的政策措施。出台了《关于解放思想抢抓机遇努力建设协同发展示范区的意见》《关于加快融入京津冀协同发展的实施意见》《关于抓大扶强加快工业转型发展的意见》《关于加快建设协同发展示范区京津科技成果转化基地的实施意见》《德州市加快融入京津冀协同发展行动计划（2015—2020 年）》《德州市人民政府加快建设京津冀“一区四基地”实施方案》等一系列文件政策。同时，为了加快引进培养高层次创新创业人才（团队），出台了《德州市建设协同发展示范区人才支撑计划》。这些政策措施为德州市加快融入京津冀协同发展、先行先试、破解科技成果转化瓶颈提供了有力支撑。

（三）承接京津高端创新成果落地转化能力强

德州市经济社会发展得益于京津高端创新成果的转化落地。在京津科技成果转化的辐射和带动下，初步形成了装备制造、化工、农产品加工、纺织服装等传统优势产业和新能源、新材料、交通装备、生物技术、电子信息等战略性新兴产业为支撑的产业体系。太阳能产业发展和推广应用走在全国前列，是享誉国内外的“中国太阳城”。拥有“中国功能糖城”“中国中央空调城”“生物产业国家高技术产业基地”“国家级体育产业基地”“中国土工合成材料生产基地”“国家火炬计划新能源特色产业基地”等众多特色产业集群。德州市是全国重要的粮棉果菜畜生产基地和农副产品加工基地，京津冀地区重要的农产品供应基地。德州市共有规模以上农产品加工企业 742 家。德州高新技术产业开发区和经济技术开发区正在着力构建传统优势产业与战略性新兴产业融合发展的现代产业体系，在高铁沿线规划建设了 100 平方千米的现代产业园区，涵盖电子信息、新能源、装备制造、精细化工、新材料、农产品加工和纺织服装、生物技术、交通装备制造等，为高新技术产业发展及科技成果转化提供了有力支撑。2018 年，德州市研发经费投入占 GDP 比重达到 1.61%，GDP 增长率 6.7%，德州市拥有国家高新技术企业 196 家，高新技术产业产值占规模以上工业企业总产值比重年均增长 1.5 个百分点。

（四）科技成果转化平台体系健全“且”承载能力强

中国农业科学院在德州市设有德州实验站及禹城、陵县两个试验区，是中国农业科学院在我国黄淮海平原开展综合性科学研究重要试验基地，也是以盐碱地改良为主要研究方向的国内唯一大型野外实验站，担负着区域治理、盐碱地改良、中低产田改造、粮棉高产高效栽培、农区畜牧业发展等领域国家科技攻关和重大成果转化任务。截至 2017 年，德州市已经建成以国家太阳能热利用工程技术研究中心、国家体育用品工程技术研究中心、国家马铃薯工程技术研究中心、国家糖工程技术研究中心等国家级创新平台为龙头的各类创新平台 747 个，其中省级以上创新平台 223 个；设立院士工作站、博士后科研工作站、国际科技合作研究中心 39 个，拥有各类专业技术人才 20 余万人，引进、培养、对接合作两院院士、国家“千人计划”专家等高层次人才 440 名，拥有高校及中等职业教育学校 29 所，每年培养各类高中级职业技术人才 4 万人，这些为区域创新发展提供了有力的科技成果转化平台与人才支撑。

（五）产学研合作对接与技术交易活动活跃

德州市 700 余家企业与大型科研院所建立合作关系，建立了定期举办科技成果转化活动的常态机制，多次举办“融入京津冀协同发展推介会”“山东省装备制造技术创新对接会”“德州市石油装备技术创新对接会”“德州科技合作万里行”“科技服务进车间”“德州（齐河）京津冀协同发展暨科技·人才·金融对接推介会”等系列重大科技成果转移转化合作活动。据德州市科技局统计，2015 年，德州市企业与大型科研院所签订共建科技创新平台等合作协议 296 项，转化大型科研院所科技成果 266 项。2016 年，德州市举办了“中国·德州首届京津冀鲁技术交易大会”，集中签约科技成果转移转化、共建研发平台等 336 个项目，路演推介 156 家高校、科研机构的 350 项科技成果、德州市企业科技创新成果 230 项，655 家企业、25 家科技金融机构参与对接；在科技成果拍卖会上有 48 个项目成功交易，交易额达到 1.86 亿元。

（六）成果转移转化服务机构建设快且支撑作用强

启动建设了山东省对接京津技术转移转化的核心支撑平台-山东省技术转移转化中心，形成了以德州生态科技城为核心承载、“德州创新谷”为支撑、山东省德州应用技术研究院为主导的“一院一谷一城”的区域科技创新综合载体。德州生态科技城被国家发改委确定为承接北京非首都功能疏解的重要平台。引进设立了中国科学院山东综合技术转化中心德州中心、中国高校技术转移中心德州中心、北京市科学院技术转移转化中心德州中心、中国技术交易所等 30 余家国家级科技服务机构，2015 年引进科技成果转化项目 200 余项。德州市高新技术产业开发区成功晋升为国家级高新技术产业开发区，山东德州国家科技园区成功晋升国家农业科技园区。2015 年，德州市成功获批国家现代农业示范区，德州市农业现代化水平稳步提升。山东大学科技园禹城分园、齐河分园相继落户，与山东大学共建禹城应用技术研究院，积极筹建山东石墨烯应用技术研究院，引进青软实训基地和国际软件学院等人才培养培训机构，德州市建成国家级和省级科技企业孵化器、众创空间等各类孵化器面积近百万平方米。这些科技成果转移转化载体建设为加速创新资源集聚提供了强有力的平台支撑。

（七）科技金融深度融合，助力产业转型升级

德州市积极研究设立专用于科技成果转移转化和科技型中小企业的创新型金融产品，成立德州市财金投资有限公司和德州市融资担保有限公司两家

国有投融资公司，截至2016年10月，已对23家企业授信3.2亿，为4家企业提供过桥资金1.08亿元。设立了“科技成果转化基金”“科技风险补偿基金”“科技担保基金”等17支规模共计25亿元的创新创业基金地，青岛银行、齐鲁银行、威海银行、中国建设银行、中国银行、农商银行等12家银行在德州成立了科技支行。积极开展知识产权质押融资、“政保贷”、“新三板”等多渠道融资方式。连续6年成功举办资本交易大会，累计到位资金近千亿元。持续推进企业上市挂牌工作，据德州市科技局统计，2016年，德州市5家上市公司上市募集资金87.44亿元，4家企业在中国证监会审核，3家企业在省证监局辅导；17家企业在“新三板”挂牌，挂牌融资7.3亿元；98家企业在区域性场外市场挂牌，为加速科技成果转移转化和推动科技型中小企业创新发展提供了强有力的资金保障。

二、德州市推进科技成果转化的总体定位分析

深入实施创新驱动发展战略、京津冀协同发展战略，德州市以山东省技术转移转化中心和生态科技城建设为抓手，聚焦“科技、金融、产业”融合创新，加快畅通科技成果加速转移转化渠道，完善科技成果转移转化政策环境，建立健全符合科技创新规律和市场经济规律的科技成果转移转化体系，将德州打造成为山东省济青烟国家科技成果转化示范区对接京津科技成果转移转化的桥头堡、山东半岛国家自创区联结京津冀国家协同发展战略的关键枢纽、辐射山东带动华北协同创新的核心基地，打造成为我国北方最具活力、最具特色的科技成果转移转化示范区。

（一）建成以科技成果转移转化为特色的区域创新综合体系

聚焦济青烟国家科技成果转化示范区建设，建成对接京津科技成果转移转化的桥头堡，充分发挥山东省德州应用技术研究院创新成果资源集聚、技术集成开发平台作用，进一步提升其科技成果转移转化的区域综合承载能力，将德州创新谷作为山东省德州应用技术研究院对接京津科技成果转化的中试基地，推进带动引领德州全面创新的生态科技城建设，形成以山东省德州应用技术研究院为核心载体、德州创新谷为转化平台、生态科技城为示范推广的区域

创新综合体系。

（二）建成农业科技成果转移转化的产业聚集高地

充分发挥国家农业科技园区的产业带动和辐射作用，以提高农业技术创新的核心竞争力为目标，立足鲁西北、融入京津冀，辐射全国，创新链、产业链、服务链“三链融合”，建成区域农业现代化先导区、健康食品产业聚集区和新型城镇化建设样板区、具有农业高新技术支撑与创新能力的产业聚集区，实现现代农业高新技术产业化的试验、孵化、集聚、扩散、示范和带动。

（三）建成科技成果转化与科技金融紧密结合的先行区

着力推进德州市科技、金融、产业融合创新示范城建设，注重科技成果转化与科技金融紧密互动，为德州市对接京津成果转化提供总体支撑。截至 2016 年年底，山东省已经设立了科技成果转化相关基金近 100 亿元，其中设立了 10 亿元规模的科技风险投资与成果转化引导基金和 3 亿元天使投资引导基金，另有 11 只近 90 亿元的省级政府引导基金，把科技成果转化应用作为主要投资方向。

（四）形成德-济青科技成果转移转化示范推广辐射经济带

聚焦山东半岛国家自创区联结京津冀国家协同发展战略的关键枢纽发展定位建设，充分发挥德州市作为山东半岛国家自主创新示范区西拓第一站的节点优势，以德州国家高新技术产业开发区为核心枢纽区，通过国家科技成果转移转化示范区引领带动，采取科技成果转移转化示范区与自主创新示范政策互认互通的共享模式，有效连接山东半岛国家自主创新示范区内的济南、淄博、潍坊、青岛、烟台、威海六个国家高新技术产业开发区，形成“德-济青科技成果转移转化示范推广辐射经济带”。

（五）打造京津-山东科技成果转移转化辐射圈

聚焦辐射山东省带动华北协同创新的核心基地发展定位建设，充分发挥德州市地处省会城市群经济圈、黄河三角洲高效生态经济区、西部经济隆起带叠加的区位优势和对接京津冀地区的桥头堡作用，深度融入京津冀协同发展，承接京津科技资源外溢辐射和产业转移，打造交汇联结多个国家区域战略的科技成果转化转移高地，带动山东省会城市群经济圈和西部隆起带，构筑“山东—京津冀科技成果转移转化走廊”，有效辐射京津冀地区及华北地区，形成“山东—京津冀科技成果转移转化辐射圈”。

三、德州市推进科技成果转化的实施路径

聚焦科技成果转移转化体系建设，推进“科技、金融、产业”融合创新，组织实施培育科技成果转移转化平台机构、科技成果产业化载体建设、重大科技成果转移转化创新工程实施、科技成果转移转化人才队伍建设、构建科技成果转化金融支撑体系、深化科技成果转化体制机制改革、开展科技成果转化政策先行先试、完善科技成果转化工作体系八大重点任务，全力推进科技成果转移转化示范区建设。

（一）大力培育科技成果转移转化平台机构

1. 加快建设技术转移转化中心

加快中国科学院山东综合技术转化中心德州中心、山东省技术转移转化中心、山东大学德州技术转移中心、北京市科学院技术转移转化中心德州中心等转化载体建设，打造面向京津地区、辐射山东省，以转移创新资源、转化科技成果为重点的京津科技成果转化示范区的对接平台和山东省对接京津技术转移转化的首要载体。充分发挥德州市“蓝火计划”试点城市的作用，设立“中国高等院校技术转移中心德州中心”，集聚部属高校特别是京津地区高校科技创新资源，辐射山东省乃至整个长江以北区域，逐步将示范区打造成为“中国高校技术转移中心北方中心”。重点发展市场化的科技成果转移转化服务机构，重点扶持发展评估咨询、技术转移、科技金融、知识产权等科技服务机构，着力引进一批国内外知名科技服务机构在德州市设立分支机构，加快

培育一批中介机构品牌，逐步将示范区建设成为高端专业技术转移机构的集聚区。

2. 培育壮大线上线下互动的技术市场平台体系

加强“齐鲁技术产权交易市场”建设，打造集信息集散、价格发现、资本进退、规范交易等功能于一体的技术产权交易、知识产权交易等线上与线下相结合的交易平台，推动齐鲁技术产权交易市场建成国家技术转移示范机构。加强国家和地方科技成果转移转化服务平台互联互通，构建与京津冀济信息共享、标准统一的科技成果转化服务体系，继续办好“京津冀鲁技术成果交易大会”，建成京津冀济科技成果转移转化接续城市。建设山东京津技术（产权）交易市场，采取实体化运营、市场化运作、网厅结合的模式，打造线上线下两个平台，提供重点面向京津冀鲁地区整合科技资源实现技术转移转化的综合解决方案。积极筹建农业技术交易中心，建设集研发、孵化、基地、检测、交易等创新要素于一体的区域性农业技术交易中心，建设辐射京津冀鲁的区域农业大数据中心，为支撑德州市建设京津冀地区农业科技成果转化、优质农产品供应提供有力支撑。

3. 大力发展特色化、专业化的创业创新孵化器

实施“创业德州示范区”行动计划，发挥市场主导、政府引导、企业主体、社会参与的作用，布局一批“专业化、便利化、全要素、开放式”的新型孵化器，建设一批以成果转移转化为主要内容、专业服务水平高、辐射带动作用强的众创空间，重点打造山东齐鲁科技企业孵化器、山东大学禹城科技园、德州创梦空间等创业孵化载体，打造在山东省内外有影响力的创新创业集聚区。开展“苗圃+孵化器+加速器”科技创业孵化链条试点，制定科技企业孵化器评价指标体系，强化孵化器孵化转化科技成果的功能。支持众创空间引进国际先进的创业孵化理念，整合技术、资本、市场等资源，吸引更多科技人员、创新创业领军人才等高端人才入驻。建设一批支持农村科技创新创业的“星创天地”，加快农业科技成果转化与产业化。

4. 加快建设山东省德州应用技术研究院

加大山东省德州应用技术研究院发展力度，强化人才集聚、技术研发、成果转化、综合服务等职能，率先打造成京津科技成果转化基地的标杆载体和示范平台。加快建设以为山东省德州应用技术研究院为核心的“德州创新谷”，搭建集研发、孵化、加速、实训、检验检测、科技金融等于一体的公共创新创业载体平台，建设高端研发基地、成果转化基地、信息服务基地等专业性基地，以“德州生态科技城”为载体，全力打造具有国际水平的区域性、专业性创新创业生态体系。

（二）建设科技成果产业化的组织载体体系

1. 强化企业转移转化科技成果的主体地位

实施创新型企业培育行动计划，深入实施“启航计划”，优选一批创新能力强、成长性好的科技型中小微企业纳入“启航计划”企业库，综合运用奖、补、投、贷、保等多种方式进行重点培育，打造一批科技型“小巨人”。引导企业面向转型升级的需求，与国内外高校、科研机构建立长期稳固的合作关系，支持企业与高校、科研院所联合设立研发机构或技术转移机构。以企业为主体组建产业技术创新联盟，深入实施“五个一工程”，通过“依托一所高等学校、引进一名行业创新领军人才、成立一支产业联盟基金、搭建一个产业公共研发平台、构建一个产业专利联盟”，联合上下游企业、高校、科研院所和产业领军人才等，构建一批联合开发、优势互补、利益共享、风险共担的产业技术创新战略联盟。

2. 加强产学研协同创新的组织体系建设

发挥高校和科研院所创新源头作用，积极引进和培育技术开发类科研分支机构建设，依托省内外高校、科研院所在示范区内建设一批产学研协同创新中心，组织高校和科研院所发布科技成果目录，建立面向企业的技术服务网络，促进科技成果与产业、企业需求有效对接，深入开展产学研协同创新。大力支持山东省德州应用技术研究院等新型研发机构的创新发展，推动新型研发机构成为科技成果转移转化生力军，围绕打通从科学到技术转化的通道，在管理体制和运行机制上率先探索、先行先试，建立开放配置创新资源的有效机制，推动重大基础研究成果转移转化。依托创新资源集聚度较高的高新园区，建设一批产业技术创新中心，促进产学研协同创新，推动科技成果与资本、技术、需求的对接，探索符合产业特点的科技成果转化路径。

3. 增强产业园区对成果转移转化的载体支撑作用

推动德州高新技术产业开发区创新发展，建设创新型、高水平的高新技术产业开发区，努力成为促进技术进步、加快科技成果转化和增强自主创新能力的重要载体，增强对高新技术产业和战略性新兴产业的集聚、辐射和带动作用。做实做强山东德州国家农业科技园区，配套建设区域性农业技术交易中心，加速农业科技成果的聚集及转移转化，争创国家级农业高新技术开发区。以着力打造新能源、生物技术、装备制造、绿色化工、农产品加工、新型纺织6个千亿级产业集群为目标，引导京津科技成果转移转化，发展壮大具有区域特色的创新型产业集聚区。

4. 加强公共技术创新服务平台建设

依托国家级企业科技创新平台和产业技术创新战略联盟，联合国内外重点高校、科研机构，在各类产业技术研究院、科技企业孵化器、科技创新创业园内建设一批专业化、起点高、辐射强的公共技术应用平台，为科技型中小企业技术创新提供支撑和服务。强化科技成果中试熟化，建设一批通用性或行业性技术创新服务平台，提供从实验研究、中试熟化到生产过程所需的仪器设备、中试生产线等资源，提供研发设计、检验检测、技术标准等服务。

（三）实施重大科技成果转移转化创新工程

1. 适时发布可转化、成熟度高的科技成果包

围绕电动乘用车、节能环保、体育用品、空调设备、农业机械、新型化学

材料、新型纺织、食品制造、石油装备、车船零部件 10 个特色优势产业，以需求为导向发布一批符合产业转型升级方向、投资规模与产业带动作用大的科技成果包，加速重大科技成果转化应用，支撑产业发展迈向中高端水平。围绕现代农业、环境保护、医疗卫生、城镇化、智慧城市和人口健康等民生需求，加强科技创新和相关领域成果转化。

2. 深入实施推动军民科技成果融合转化工程

建设“山东省军民科技融合创新示范基地”，重点推进与中国航天科技集团有限公司、中国航天科工集团有限公司、中国航空工业集团有限公司、中国船舶重工集团有限公司、中国船舶工业集团有限公司、中国兵器工业集团有限公司、中国兵器装备集团有限公司、中国电子科技集团有限公司、中国核工业集团有限公司、中国核工业建设集团公司等军工集团的对接合作。持续举办“军民科技融合对接会”，共建一批军民科技融合示范园区、示范平台和示范项目。

3. 开展全方位科技成果对接合作活动

坚持将对接大型科研院所作为抢抓外部科技资源的重要手段，推动各县市区深入对接大型科研院所，集聚吸纳外部优质创新资源。组织举办好“德州·京津大院大所对接会”“山东省装备制造技术创新对接会”“德州科技合作万里行”“中国·德州京津冀鲁技术交易大会”等系列重大科技合作活动，通过聚集中国科学院系统研究院所、教育部属高校、军工科研院所、京津冀鲁高校院所、国内知名科技服务机构、科技金融机构及相关企业等科技创新资源和技术成果，促进企业与大型科研院所的深入成果转化。

4. 创新科技成果转移转化项目管理机制

单独设立科技成果转化奖，重点奖励与高校、科研机构联合实施的优秀科技成果转化项目。明确财政资金设立的应用类科技项目承担单位的义务，推动财政科技计划成果和科技奖励成果转化应用。发布军用技术转民用推广等目录，实施军工技术推广项目，推动军民融合科技成果推广应用。

（四）建设科技成果转移转化人才队伍体系

1. 建设鲁北人才改革试验区和人才集聚高地

建立京津冀济区域性人才智力集散枢纽，着眼京津冀、链接中济滨（中关村、济南、滨海新区）、面向海内外，发挥区域交通优势，建成具有区域竞争比较优势的创新创业生态系统，打造京津冀济人才便捷迁移、顺畅往来、紧密融通的区域自由港，科技成果自由交流、协同利用、互益开发的产业接续地。创建中关村-滨海新区-德州创新区“引才引技直通车”，在中关村、滨海新区获得认证的科研成果人才到德州市转移转化、创新创业的，享受优惠政策。积极融入京津冀济区域人才环流大循环，支持企业通过挂职兼职、技术顾问、周末工程师、假日专家等形式，高效率、低成本地引进使用国内外人才智力，打造“1 小时人才圈”。

2. 加强专业技术经纪人队伍体系建设

推动与国际技术转移组织联合培养国际化技术转移人才。依托高校和骨干企业建立一批技术转移人才培养基地。引进并培育壮大市场化、专业化的技术转移培训服务机构，加快建设山东京津技术转移培训学院，制定培训标准规范和完整培训方案，针对科技型企业、科研院所及从事技术转移服务的其他相关机构和人才开展专业培训，尽快打造一支以市场为主体，懂技术、懂市场的技术经纪人队伍，为科技成果供需双方牵线搭桥，提高技术交易成功率，促进科技成果转移转化和产业化。到 2020 年，德州市技术经纪人队伍突破 1000 人。建立和完善技术产权转移相关职业和岗位资质认证制度，加强与京津冀地区等其他经济区域技术经纪人的资质互认。

3. 大力营造适合创新成果转移转化的高层次科技人才成长和发展的环境

对来示范区实施转化或从事高新技术项目研发的高层次人才，贯彻落实山东省与《德州市建设协同发展示范区人才支撑计划》等德州市相关人才政策，如开辟绿色通道，不受编制结构、工资总额、户口等限制，实行特事特办。

在住房、子女入学、配偶安置等方面制定完善的服务保障政策，使高层次人才发挥更大潜能，做出更大的贡献。加大资源整合力度，加快建设科技基础设施平台，大力改善科研条件，为科研人员从事科技创新和成果转化创造良好环境。

（五）加强科技成果转移转化金融支撑体系

1. 加大地方财政支持科技成果转化力度

发挥政府引导作用，吸引社会资本积极参与，不断扩大科技投资基金规模，构建满足不同发展阶段科技型企业融资需求的投资体系。加大“科技成果转化基金”“科技风险补偿基金”等创新创业基金支持科技成果转移转化力度，推动设立若干支专项子基金，通过引导、参股、跟投等方式支持和培育科技型中小企业。德州市政府每年设立 1 亿元科技成果转化引导基金，示范区内每个县（市、区）每年设立 1 支规模 1 亿元以上的专项基金支持京津科技成果在示范区落地转化。推进科技型企业在“新三板”挂牌上市，对境内外上市、“新三板”挂牌企业给予 80 万～100 万元的一次性奖励支持。到 2020 年，示范区重点培育的科技型企业实现上市、“新三板”挂牌的达到 30%。

2. 建立投贷联动、科技风险补偿机制

推进各商业银行在示范区设立科技支行，探索科技型企业专属金融产品，专项用于支持科技型企业培育和科技成果转移转化。到 2020 年，实现融资规模达到 20 亿元。立足科技成果转化实际需求，建立投贷联动机制，带动科技战略合作银行放大倍数向科技成果转化专项子基金投资的科技型中小企业提供贷款。建立科技风险补偿机制，设立德州市科技风险补偿基金，引导银行机构为科技型中小微企业实施科技成果转化提供资金支持，贷款发生风险的，由科技风险补偿基金按约定给予相应补偿。开展知识产权质押融资，设立知识产权质押融资风险补偿基金，吸引高端知识产权服务机构或社会资本在示范区设立专业化的知识产权运营机构，为专利技术产业化提供评、保、贷、投、易

一条龙服务。

3. 建立健全科技金融综合服务体系

加快山东科技·金融·产业融合创新综合试验区建设，积极争创国家促进科技和金融结合试点市。着力搭建科技金融资本对接平台，设立“资本对接科技金融对接区”“科技金融专场”，建设融资性担保平台，鼓励其探索股权投资与信贷投放相结合的融资模式，加快建成区域科技金融高地，推动人才、科技、金融与产业的有机结合。组建示范区科技金融联盟，依托示范区内金融机构，以企业征信为基础、科技中介服务机构为支撑，构建多层次、全方位的科技金融综合服务体系，推动示范区科技金融创新融合发展。

（六）深化科技成果转移转化体制机制改革

1. 加强创新发展的体制机制改革

加大改革力度，深入贯彻落实中共中央、国务院关于深化科技体制改革、加快创新发展的系列决策部署及《中共山东省委省政府关于深化科技体制改革加快创新发展的实施意见》和中共德州市委市政府《关于深化科技体制改革加快创新发展的实施意见》，建立健全符合科技创新规律和市场经济规律的科技成果转化体制机制。完善财政支持科技成果转移转化投入机制，发挥财政支持科技创新与成果转化的重要作用，综合运用产权参股、贷款贴息、购买服务等方式，不断完善政府购买技术创新与成果转化服务模式，支持市场导向明确的科技成果转化活动，提高财政科技资金使用效益。

2. 完善科技成果转化的激励机制

加大对成果转移转化服务机构的培育扶持，推进成果转移转化中介服务机构不断发展壮大。对引进的国家级技术转移机构在示范区内实际开展业务的或在示范区登记注册并被新认定为国家级技术转移机构的，给予100万元一次性补助。对引进的省级技术转移机构在示范区内实际开展业务的或在示范区登记注册并被新认定为省级技术转移机构的，给予50万元一次性补助。加大对与高校、科研机构联合实施的优秀科技成果转化项目的奖励支持，对在齐鲁技术产权交易市场内交易，来源于示范区内高校、科研院所自主研发成果并在示范区转化的，给予成果供给方5%最高不超过200万元的经费补助，给予成果受让方10%最高不超过400万元的经费补助；对来源于示范区外高校、科研院所研发成果在示范区内转化的，给予成果受让方不超过20%且最高额度不超过200万元的经费补助。

3. 升级产学研协同推进新机制

强化企业转移转化科技成果的主体地位。持续举办“京津大院大所对接会”等重大科技合作活动，推进政府、企业与京津大型科研院所全面对接合作。加快以山东省德州应用技术研究院为核心的德州创新谷建设，推动以企业主导、联合高校和科研院所共建重点实验室、工程（技术）研究中心、工业设计中心、产业技术创新战略联盟、产业研究院、中试基地等创新平台及新型研发机构，探索联合攻关、利益共享、知识产权运营的有效机制与模式，加速科技成果转移转化。加快教育部“蓝火计划”试点城市建设，与教育部共建“中国高校技术转移中心德州中心”“高校联合创新研究院”“大学联合科技园”“大学联合创业园”，通过教育部科技发展中心在齐鲁技术（产权）交易市场设立“中国技术供需在线德州频道”，为示范区内企业提供信息服务平台，推动科技成果与资本、技术、需求的有效对接。

（七）积极开展科技成果转化政策先行先试

1. 加强科技成果转移转化政策保障

围绕国家科技成果转移转化示范区建设，打造建设京津科技成果转化基地，不断完善示范区科技成果转化政策保障体系，积极开展科技成果转化政策先行先试。立足示范区发展实际，认真贯彻落实《德州市建设协同发展示范区人才支撑计划》，并不断完善支持科技创新、科技成果转化、高层次人才引进和培养等方面的相关配套细则，为推进示范区科技成果转移转化营造良好的政策环境。

2. 积极推进成果转化政策先行先试

加快鲁北人才改革试验区建设，坚持整体推进与重点突破相结合，构建鲁北人才改革试验区人才政策体系，在政府人才管理职能转变、京津冀济区域协同创新、海外人才引进、柔性引才用才、人才培养评价等方面，加大改革创新力度，形成富有成效、可资借鉴的改革经验。深化科技成果使用权、处置权和收益权改革，完善职务科技成果转化的奖励、报酬制度，充分调动各方推进成果转移转化的积极性和主动性。积极探索政府采购支持创新产品推广、财政资金资助科技成果限时强制进场交易、科技成果转化为技术标准试点等政策，打造京津地区科技成果转移转化的政策试验区，加速科技成果转化。

（八）完善科技成果转化工作网络体系建设

1. 建立健全科技成果转移转化工作网络

以推进科技成果转移转化示范区建设为目标，建立健全科技成果转化工作网络，形成上下联动、有机衔接的科技成果转化工作体系。依托齐鲁技术产权交易市场、区域农业技术交易中心建设，建立线上线下有机衔接的技术交易服务平台，打造技术交易活跃、创新要素齐备、体制机制灵活的创新服务网络。加快建立完善以山东技术转移转化中心为代表的区域性技术转移与辐射服务体系，构建不同层级、不同领域技术交易有机衔接的新格局，推进重点区域间资源共享与优势互补，提升示范区跨区域技术转移与辐射带动水平。

2. 加强科技成果转移转化绩效考核

积极探索建立适应成果转化要求的绩效考核评价机制，实施科技成果转移转化定期报告制度，根据示范区内科技成果转移转化统计及定期报告情况，对科技成果转移转化绩效予以评价，并将评价结果作为对其予以支持的重要参考依据。建立动态考核机制，加强对科技成果转移转化重点任务、重大项目进展及阶段性目标完成情况的检查督导。结合推进科技成果转移转化工作的特点，建立完善差别化考核指标体系和专门的干部考核激励奖惩办法，充分调动各级部门、各级人员参与科技成果转移转化工作的积极性。

第三节 青岛市推进科技成果转化研究

一、青岛市推进科技成果转化的基础优势分析

青岛市为全国经济中心城市、对外开放的沿海港口城市、计划单列市。青岛市总面积为1.1282万平方千米，海域面积约为1.22万平方千米，海岸线总长为816.98千米。2018年年底全市常住总人口为939.48万人，实现国民生产总值12 001.52亿元，一般公共预算收入1231.90亿元，同比分别增长7.4%和6.5%。2016年1月，国务院批复了青岛市的城市总体规划，将青岛市的定位提升为我国沿海重要中心城市和滨海度假旅游城市、国际性港口城市、国家历史文化名城。

（一）基础条件

“十二五”以来，青岛市的科技工作顺应创新驱动发展大势，推动政府职能从研发管理向创新服务转型，努力实现三大转变，即科技创新布局由“小科技”到“大科技”转变，科技创新主体由“小众”到“大众”转变，科技资源配置由“小投入”到“大投入”转变。青岛市科技工作“短板”逐步补齐，优势更加突出，创新工作不断涌现，科技对经济社会发展的支撑引领作用日益凸显。

1. 科技品牌逐渐增多

全国首个国家实验室——青岛海洋国家实验室，正式投入运营；全国首个

技术创新中心——国家高速列车技术创新中心，获批建设。“十二五”以来，青岛市先后获批国家创新型试点城市（成为全国唯一同时承担国家技术创新工程试点和国家创新型试点的城市）、国家促进科技和金融结合试点城市、国家知识产权示范城市、国家新能源汽车推广应用城市、国家海洋技术转移中心、全国首批科技服务业区域试点（唯一同时承担科技服务业行业和区域试点的计划单列市）。获批建设国家知识产权局专利局济南代办处青岛分理处，成为继深圳市、苏州市后第三个设立分理处的城市。2016 年，青岛市参与创建的山东半岛国家自主创新示范区获国务院批准实施。

2. 科技成果产出颇丰

科技投入方面，青岛市R&D投入由2011年年初的124亿元增加至2018年的307.10亿元，翻了一番，总量居山东省第一；R&D 占 GDP 的比重由 2011 年年初的 2.2%提高到 2018 年的 2.78%。科技产出方面，2018 年，青岛市发明专利申请 22 521 件、授权 6496 件，授权量居全省首位。有效发明专利拥有量 26 267 件。专利合作协定（patent cooperation treaty，PCT）国际专利申请 1088 件，总量占山东省 62.14%，居全省首位。2018 年全市技术合同交易额 155.82 亿元，同比增长 23.02%，位居全省第一位。

3. 科技成果转化体系完备

按照科技部国家技术转移体系“2+*N*”布局，坚持以“立足青岛、服务山东、面向全国、链接世界”为目标，搭建“青岛技术交易市场、国家专利技术（青岛）交易中心、国家海洋技术转移中心”三大市场体系。坚持“市场配置科技资源、利益驱动创新创业”的理念，构建“政府、行业、科技中介、技术经纪人”四位一体服务体系，建成“一网一厅一校一基金”。青岛市在国内首推促进技术转移的“六补”政策和科技成果挂牌交易规则。技术经纪人和技术转移机构分别由 2012 年年初的 0 人和 8 家发展到 2018 年的 600 余人、127 家。其中国家级技术转移机构达 14 家，在全国 15 个副省级城市中位居前列。青岛市依托国家海洋技术转移中心获批国家技术转移人才培训基地，布局建设了海洋生物、海洋仪器仪表、海洋新材料、海洋工程等 12 个专业技术领域分中心，并将其纳入技术转移机构和科技成果评价服务机构给予支持，形成海洋技术转移“一总多分”的海洋技术转移服务体系。2017 年海洋技术交易实现约 15 亿元，同比增长 22%。

（二）特色优势

青岛市是我国著名的海洋科技城，海洋科技创新资源高度集聚，在建设国家海洋科技成果转移转化方面具有独特的优势和基础。

1. 海洋科研优势突出

青岛市拥有世界第七大、全国唯一获批试点运行的海洋类国家实验室——海洋科学与技术试点国家实验室，拥有世界第五大深海技术试点支撑基地——国家深海基地，以及中国海洋大学、中国科学院海洋研究所等 7 个国家级海洋科研机构和国家海洋科考船等一批国家级海洋基础科研平台。近年来，青岛中乌特种船舶研究设计院有限公司、国家海洋设备质检中心、天津大学青岛海洋工程研究院、中船重工（青岛）海洋装备研究院有限责任公司、哈尔滨工程大学青岛船舶科技园等一批海洋科研机构相继落户青岛市，海洋科研实力进一步增强。根据青岛市科技局统计，截至 2016 年年底，全市拥有涉海专业两院院士 18 人、高级海洋专业人才约占全国同类人才的 30%，承担了“十五”以来国家 863 计划、973 计划中海洋科研项目的 55%和 90%。取得了一系列的令人瞩目的科研成果，以鱼、虾、贝、藻、参为代表的中国海水养殖 5 次产业浪潮均发源于青岛市。

2. 海洋经济实力雄厚

山东半岛蓝色经济区上升为国家战略后，青岛市把蓝色引领作为经济发展的主导战略，大力实施蓝色跨越行动计划，海洋生物医药、海洋新材料、海洋工程等产业蓬勃发展。作为国家海洋高端装备制造基地，青岛市重点发展海洋工程装备和高端船舶、海洋仪器装备、邮轮游艇装备，提高船舶与海洋工程装备的总装能力及配套能力。作为国家海洋新材料产业化示范基地，青岛市重点突破特种海洋防腐涂料系列产品开发，推进新型防腐防污涂料在大型海工装备及岛礁建设工程上应用。2018 年，青岛市实现海洋生产总值 3327 亿元，占 GDP 比重达到 27.7%，“十三五”时期年均增速超过 15%，高于 GDP 增速 7 个百分点，海洋经济成为青岛市经济增长的重要引擎和产业转型升级的重要力量。

3. 海洋经济战略布局初步形成

围绕发展海洋经济，青岛市确立了“中心湾区、西部湾区、东部湾区”海湾型城市新格局的海洋经济发展布局，形成了优势互补、错位发展的海洋经济发展格局。青岛国家高新技术产业开发区成为的国家自主创新示范区，重点打造具有全球影响力的海洋科技创新中心。红岛经济区蓝色生物医药、海工装备等蓝色高端新兴产业快速发展，特别是青岛西海岸新区获批成为国家第九个国家级新区，并以海洋经济发展为主题努力打造海洋强国战略支点，为探索全国海洋经济科学发展新路径发挥示范作用，为促进东部沿海地区经济率先转型发展、建设海洋强国发挥积极作用。

二、青岛市推进科技成果转化的定位分析

以海洋科技创新为制高点，以“一带一路”倡议为主导，以海洋科技成果转化为主线，突出海洋科技特色，强化“三湾三城”的空间支撑，集聚高端海洋科技资源，夯实科技成果转化承接载体，健全技术转移服务体系，发挥企业技术转移主体地位，着力构建“源头供给-转化服务-产业培育”工作链条，重点聚焦源头供给、体系架构、媒介通道、平台载体、服务能力、体制机制等方面，建立功能完善、运行高效、全链条、市场化的技术转移体系，打造海洋特色鲜明的科技成果转移转化示范区，更好地服务和引领全国海洋经济发展。

（一）构建区域特色科技成果转化新格局

根据“源头输出-转移转化-资本化-产业化-社会溢出”的科技成果转移转

化全链条脉络，开展城市功能布局工作，以“东部湾区”（青岛蓝色硅谷核心区）为海洋科技创新源头，以“中心湾区”（青岛国家高新技术产业开发区）为海洋科技转化孵化区，以“西部湾区”（青岛西海岸新区）为海洋科技产业化基地，依托崂山“全国最佳金融改革创新示范区”提供金融服务支撑，构筑“三湾三城”海湾型城市新格局，促进科技成果资本化、产业化，为青岛市调结构、转方式、促增长提供新动力。

（二）探索海洋科技成果转移转化新路径

以国家海洋技术转移中心为枢纽，示范建设以国家海洋技术交易市场为核心，汇聚全国乃至全球海洋科技成果资源；依托全国涉海的高校、科研院所、领军企业建设国家海洋技术转移中心专业领域分中心，实现“海洋+”新技术、新产业、新业态、新模式的深度融合，搭建专业、特色、高端的海洋科技创新服务载体。按照“市场汇聚、市场配置、载体承接、载体扩散”的路径，采取包括发布一批海洋科技成果包、建设海洋科技成果产业化基地、强化海洋科技成果转移转化市场化服务、提升科技成果转移转化人才服务水平等一系列手段，在海洋领域实现科技成果集成熟化、检验检测、工程化开发及技术转移转化，打造全国海洋科技成果转化技术转移集聚区。

（三）完善科技成果转移转化架构体系

基于技术市场“一厅一网一校一基金”成功运行架构，青岛市继续探索尝试丰富完善市场更多功能，进一步建设包括科技展馆、青岛市技术交易市场、国家海洋技术交易网络与大数据系统、中科院（青岛）技术转移公共服务平台、科技金融与创业投资公共服务平台、高端创新创业人才服务和人才培养基地等六大功能板块，升级打造为“一厅一网一馆一基地两平台”的运行架构。

（四）健全四位一体科技成果转化服务体系

充分落实科技管理“放管服”精神，进一步厘清政府和市场的关系，以强化顶层设计为先导，以繁荣技术市场为根本，以提升完善服务机构功能为基础，以培育技术经纪人队伍为支撑，拓展构建“政府、行业、服务机构、专业服务人员”四位一体服务体系，促进科技成果转移转化市场体系与科技成果转移转化服务体系的融合，完成科技成果转移转化“创新链、资金链、产业链、服务链”整体布局的最后一块拼图。

三、青岛市加速推进科技成果转化的主要路径

（一）积极推动高校、科研院所转移转化

充分发挥青岛市海洋资源聚集的优势，促进各类海洋科研资源高效匹配、协同创新、合力攻关，提升海洋领域创新能力，抢占全球海洋科技制高点，服务海洋强国战略，建设国际先进的海洋科技创新中心。

1. 建立世界一流的海洋类重大科技集群

加快海洋科学与技术国家实验室、国家深海基地、中国科学院海洋研究所等国家级海洋科研机构，中国海洋大学等海洋类重点院校，国家海洋设备质检中心、中船重工（青岛）海洋装备研究院有限责任公司、哈尔滨工程大学青岛船舶科技园等重点企业技术中心和产业园区，以及东亚海洋合作平台等国际海洋科技合作平台建设，推动海洋重大科技集群与交叉前沿研究深度融合，实现重大原创性突破，力争解决制约产业发展的重大基础瓶颈问题和科学前沿问题，为科技、产业持续进步提供源头创新支撑，成为海洋重大原始创新的策源地。

2. 构建海洋领域跨学科、跨领域的协同创新网络

以高端研发机构、重大科技项目、创新创业基地为载体，采取多种模式，加快集聚国内国际海洋高端人才团队，探索整合跨学科、跨领域、跨部门创新要素，深入推进海洋领域产学研协同创新，释放科技机构和人才创新活力。强化需求导向的研发，为转移转化提供高质量的成果供给。

3. 争创青岛国家海洋科学中心

依托海洋科学与技术试点国家实验室、国家深海基地等高端平台，重点开展海洋生物资源保护与可持续利用、海洋矿产资源评价与探测等基础科研研究，增强海洋生物医药、深海与海工装备、蓝色粮仓等领域创新能力。到2020年，海洋国家科学中心基础框架基本形成，各类改革试点政策基本到位，基本建成符合海洋科技创新发展规律的管理架构和运行机制，打造出世界一流的海洋创新环境，产生了一批具有世界影响力的原创性成果，确立海洋研究的国际领先地位。

（二）加大成果中试熟化与产业化基地建设力度

围绕海洋前沿科技领域，特别是国防、科研和产业需求，鼓励有实力的企业、产业联盟、工程中心等面向市场开展中试和技术熟化等集成服务，重点打造培育一批海洋成果中试熟化与高新技术产业基地。

1. 支持培育海洋高新技术企业群

实施“千帆计划”，针对制约科技型中小企业发展的“瓶颈”，改“漫灌”为“滴灌”，重点支持企业的首投、首贷、首保，通过“靶向”精准政策扶持引导，扶持在孵企业成长、壮大科技型中小企业、培育海洋领域创新型领军企业，形成小微企业创业、成长、升级的梯次发展格局，使一批小微企业成长为大中型企业，成为推进经济社会持续、稳定、健康发展的重要力量。到2020年，科技型中小企业达15 000家，高新技术企业达到2000家，海洋高新技术企业超过100家。

2. 打造海洋生物医药产业基地

以青岛国家高新技术产业开发区海洋生物医药特色产业基地为载体，按照“引进孵化、加速培育、产业带动”的发展思路，建设海洋生物医药产业基地，打造错位集聚、互动发展、协同创新的“一谷二园”发展格局。推进海洋生物医药产业规模化、集群化、园区化发展，将技术创新与成果转化相结合、产业优化与空间布局相结合、园区建设与生态环保相结合、开放合作与内生发展相结合，重点推进骨干企业培育、创新能力提升、示范园区建设等工程，把海洋生物医药产业发展成为引领青岛蓝色经济发展的支柱产业。

3. 打造海工装备制造基地

重点发展海洋工程装备和高端船舶、海洋仪器装备、邮轮游艇装备，提高船舶与海洋工程装备的总装能力及配套能力，努力实现深远海勘探开发工程技术装备、特种船舶及关键配套设备的自主设计制造格局。大力发展深远海海洋环境观测、监测和勘探装备设计制造，实现关键设备自主开发，基本建立海洋仪器装备产业体系。

4. 打造海洋新能源装备制造产业基地

重点研发海上风电装备、海洋新能源装备及海洋新能源技术开发服务，开展波浪能、潮流能、温差能、生物质能、海上风能等关键技术攻关和应用示范，实现海洋新能源产业化利用。

5. 打造海洋航空产业基地

围绕航母战斗群的维修保养、加改装等需求，重点发展舰体结构、动力系统等相关产业及配套装备产业。围绕舰载机应用，重点发展航空发动机、通用航空产业，发展无人机等高端产业，以海洋航空和直升机产业链为特色，打造特色海洋航空基地。

（三）围绕重大需求推动科技成果转移转化

重点围绕船舶与海工装备、海洋生物医药、海洋生态环境监测等领域开展技术攻关，力争 3～5 年内实现 100 项海洋关键技术突破，带动海洋领域千亿级产业链发展。

1. 船舶与海工装备领域

部署实施深海及海洋工程装备等重点专项，重点在船舶与关键配套设备、海洋油气资源勘探开发装备、深海运载作业等领域开展前沿技术研究和共性关键技术突破构建功能明确、结构合理、运行高效的产业链，打造千亿级产业集群。

2. 海洋生物医药领域

实施青岛海洋生物医药聚集开发“310”计划（10个一类药、10个改良型新药、10个高端引领性生物功能制品），打造产业链条较完善、研发实力明显增强、企业竞争力显著提升的海洋生物医药产业体系。

3. 海水健康养殖领域

按照“突破育种核心技术、促进海水健康养殖、保障水产品质量安全、修复渔业环境和拓展产业空间”的发展思路，重点在良种创制与种苗繁育、健康养殖设施及模式、海水养殖生物安保技术、海水养殖配套保障技术体系等领域，强化海水健康养殖共性关键技术研究，建设蓝色粮仓科技创新中心。

4. 海洋生态环境监测领域

聚焦海洋观测平台、海洋传感器、海洋污染及灾害、海洋生态卫星监测导航及通用技术，加快重大关键共性技术的突破和产业化进程，推动海洋环境监测产业快速发展。

5. 海洋新能源领域

重点在海洋潮流能、温差能、海洋能集成等领域开展基础前沿研究、重大共性关键技术攻关和应用示范，构建国际性海洋新能源开发产学研联盟，突破海洋能源基础理论、关键技术和储备技术，开发高转化率海洋能源装置，推进海洋能源示范工程，实现海洋新能源的产业化应用。

（四）大力培育科技成果转移转化机构

1. 培育专业化的产业技术研究院（专业领域分中心）

依托国家海洋技术转移中心，面向全国依托涉海的高校、科研院所和领军企业，培育和建设海洋领域产业技术研究院，布局国家海洋技术转移中心专业领域分中心，开展海洋领域的科技成果集成熟化、检验检测、工程化开发及技术转移转化。支持行业网络运营机构建设运营国家海洋技术交易网络平台，开展海洋技术交易网上服务和商业化运营。支持行业培训机构开展海洋技术转移培训工作，为青岛市科技成果转化提供人才保障。

2. 支持青岛市技术转移机构开展海洋特色技术转移业务

鼓励、引导、支持有能力、有基础、有资源的各类服务机构承担青岛技术交易市场各功能板块，重点支持专利技术转移服务、中国科学院技术转移服务、国际技术转移服务、军民融合科技成果转化服务、区（市）分市场平台运营机构、科技成果信息增值（大数据）服务、创新创业人才服务、医疗医学技术推广应该服务、“研发众包”企业技术难题竞标、科技成果中试熟化通用性或行业性创新服务、重点领域的科技创新创业服务、农村科技创新创业服务、科技成果与资本对接服务、科技人员服务基层服务，发展专业化、特色化技术转移及科技服务能力。各功能板块依托专业机构开展市场化运作，与市级公共服务平台形成良好互动与有效支撑。

（五）壮大科技成果转移转化人才队伍

1. 开展科技创新人才集聚行动

聚焦建设高速列车、智能制造、虚拟现实等支撑产业的十大科技创新中心，布局脑科学、量子信息等面向未来的十大科技创新中心，依托“中科系”“高校系”“企业系”“国际系”等高端研发机构，通过顶尖人才引进资助计划、创业创新领军人才计划、高层次人才团队引进计划、青年科技创新人才培养计划、科技人才创业支持计划等计划组织实施，引进培养一批具有国际影响力的顶尖人才、创业创新领军人才、高端人才团队。到 2020 年，青岛市计划引进培育 20 名左右的“顶尖人才”、200 名左右的创业创新领军人才、200 个高层次创新创业团队。

2. 开展高端海洋人才集聚行动

围绕海洋工程、海洋生物医药、蓝色粮仓等中心建设，通过全球海洋人才引进计划、全国涉海院士集聚计划、蓝色领军人才团队支撑计划、国际海洋引智交流计划、蓝色基础人才培育计划等计划的组织实施，引进培养一批国际领先、国内一流的高端海洋人才。到2020年，青岛市涉海领域各类人才达到8万人。其中，涉海领域两院院士达到40人，涉海类国家“千人计划”专家达到60人，教授、研究员达到1200人。

3. 培养专业化服务人才

依托青岛市获批建设的国家技术转移人才培养基地，按照“创新、人才”双核驱动理念，全方位考虑政、产、学、研、金、用、介、孵、创、投等各方对技术转移、科技服务人才的需求，按照科技服务业“8+1”采取模块化组合式教学，重点培养中级、高级技术经理人和“海洋+”科技服务团队。以品牌化运作方式，推动技术经纪培训职业化进程。以“国际化、高端化、系统化”为目标，着重拓展和提升技术经纪人高端培训。引入先进教育理念和培训制度，打造国际技术转移培训高端品牌。探索与海外高校联合培训模式，开展技术市场管理人才、技术经纪人、中高级技术经理人等技术转移和成果转化从业人员梯队教育培训工作，推动先进技术的落地转化。广泛开展与国家技术转移“2+N”区域中心合作，扩大技术培训模式和经验的输出。

（六）加强全方位科技服务支撑体系建设

依托青岛技术交易市场现有的架构、功能和服务体系，升级打造成“多功能、全方位、国际化”的科技创新服务全要素大市场和科技服务体系。

1. 构建海洋特色众创空间

重点建设海洋“众创空间”，在海洋领域探索并推广创客空间、创业咖啡、创新工场等新型孵化模式，支持建设10家海洋特色的众创空间。探索众创空间、孵化器、加速器和产业园区多方协同发展机制，实现从团队孵化到企业孵化再到产业孵化的全链条一体化服务。支持众创空间，根据产业特点和自身优势，以专业化服务与社交化机制吸引和集聚创客群体，应用众包、众扶等新模式，提供专业化、个性化、差异化创新创业服务。打造海洋众创空间集聚区。复制推广海尔“人人创客”模式。支持高校、科研院所转移转化海洋科技成果，涉海驻青岛市高校、科研院所要聚焦海洋领域建设众创空间或创客实验室，支持科研人员、高校师生转化科研成果、开展科技创业。

2. 实施科技与金融结合试点

创新科技投入方式，撬动社会资本投向科技创新创业。探索发展新型科技金融组织和服务模式，建立适应科技创新链需求的科技金融体系。发展科技金融专营机构，组建科技小额贷款公司，完善科技金融服务体系。加大科技信贷支持力度，强化货币信贷政策引导，发挥担保、保险等机构作用，为企业提供融资增信支持。完善股权投资体系，扩大财政引导基金规模，健全智库基金、专利运营基金、成果转化基金、孵化器种子基金、天使投资基金、产业投资基金等股权投资体系。创新科技金融服务模式和产品，设立投保贷联动引导资金，为科技型中小企业提供股权和债权相结合的融资服务。做大做强全国第一个专项用于海洋科技成果转化的基金，完善“做市商”机制，采取技术买卖、股权投资、母基金等多种方式活跃海洋技术市场交易。

3. 加强重点领域知识产权服务

深化知识产权改革，加强行政执法和司法保护衔接，建立跨部门、跨区域执法协作机制。开展专利分析、预警、产业导航及重大项目知识产权评议，建设专利导航产业发展实验区和专利集群管理示范区。促进专利运营转化，开展首批国家重点产业知识产权运营服务试点，首期设立 1 亿元专利运营引导资金，吸引社会资本组建运营基金，构建专利联盟，组建专利池，开展专利收储、培育、布局和产业化投融资。深化“标准化+”战略，健全技术创新、专利保护与标准化互动支撑机制，支持企业将自主知识产权纳入行业标准、国家标准和国际标准。将标准化贯穿到经济社会发展各领域，打造具有国际水平的“青岛标准”。开展质量提升专项行动，大力实施品牌战略。

4. 加快科技创新服务全要素大市场建设

基于青岛市技术市场现有的“一厅一网一校一基金”架构，大市场主要建设包括科技展馆、青岛市技术交易市场、国家海洋技术交易网络与大数据系统、中科院（青岛）技术转移公共服务平台、科技金融与创业投资公共服务平台、高端创新创业人才服务和人才培养基地等六大功能板块，升级打造为“一厅一网一馆一基地两平台”的运行架构和模式，实现“创意技术化-技术成果化-成果项目化-项目资本化-资本产业化-产业社会化”的科技成果转化全流程、全环节覆盖。大市场积极培育具有国际影响力的科技服务集群，吸引配置全球高端创新资源，全面建设科技服务体系，提升科技服务业的专业化、网络化、规模化、国际化发展水平。

第四节　烟台市推进科技成果转化研究

一、烟台市科技成果转化基础分析

烟台市地处山东半岛东部，濒临黄海、渤海，与辽东半岛及日本、韩国、朝鲜隔海相望。根据烟台市政府官网显示，2018 年年底，烟台市现辖 4 个区、1 个县、7 个县级市和 2 个国家级经济技术开发区、1 个国家级保税港区、1 个国家级高新技术产业开发区、1 个国家级自然保护区、1 个国家级海洋经济新区。陆域面积 1.38 万平方千米，海域面积 2.60 万平方千米，海岸线、岛岸线 909 千米，常住人口 708.94 万。

据烟台市 2016 年国民经济和社会发展统计公报，2016 年，烟台市全年生产总值增长 8.10%，达到 6926 亿元，居全国城市第 19 位；规模以上工业企业主营业务收入增长 7%，达到 1.63 万亿元，居全国城市第 8 位；一般公共预算收入增长 8.60%，达到 577.10 亿元，占生产总值比重提高至 8.33%；固定资产投资增长 13.50%，达到 5297.20 亿元；社会消费品零售总额增长 11.10%，达到 2976.10 亿元；进出口达到 493.20 亿美元，占山东省近 1/5；实际使用外资增长 14.20%，达到 21.60 亿美元；城镇和农村居民人均可支配收入分别增长 7.90%和 7.60%，达到 38 744 元和 16 721 元，烟台市主要经济指标增速高于全国、山东省和首批 14 个沿海开放城市的平均水平。烟台市先后获得中国城市综合创新五十强、中国最具创新环境城市、中国最具创新动力城市、中国最具创新绩效城市等荣誉称号，五次荣获“全国科技进步先进市”称号，是首批国家创新型试点城市和首批国家知识产权示范城市。

近年来，烟台市以促进科技创新与经济深度融合为主线，大力实施创新驱动发展战略，加速科技成果转化为现实生产力，自主创新能力和核心竞争力显著提升，具备了较好的创新发展与加速科技成果转化基础。

（一）科技创新成果丰硕，支撑引领经济社会发展作用进一步增强

烟台市是全国唯一作为第一承担单位获得 4 项国家科学技术进步奖一等奖的地级市。2006～2018 年，烟台市累计获得省级以上科技资金近 30 亿元的支持，累计取得国家科学技术奖 43 项，省科学技术奖 460 项。烟台市 2018 年全年申请国内发明专利 5402 件，获国内发明专利授权 1364 件。截至 2018 年年底，烟台市拥有有效发明专利 6389 件，每万人有效发明专利拥有量 9.04 件，高于山东省平均水平。2018 年烟台市技术合同成交 2509 项，成交额突破 84.53 亿元，居山东省第四位。

（二）转方式调结构成效显著，产业发展特色鲜明

根据烟台市 2018 年国民经济和社会发展统计公报，2018 年，烟台市第一、第二、第三产业的结构比例为：6.5∶49.1∶44.4，机械制造、电子信息、食品加工、现代化工等传统优势产业蓬勃发展，新能源与节能环保、新材料、高端

装备制造、生物技术、新一代信息技术等战略性新兴产业加快崛起。高新技术产业规模不断扩大，成为“转方式，调结构”的主要力量。2018 年，高新技术产业产值占规模以上工业企业总产值的比重达到 46.8%，高于全省平均水平 10.1 个百分点，初步形成了电子信息、新材料、先进制造、生物医药为主导的高新技术产业发展格局，四大领域高新技术产业产值占到烟台市高新技术产业总产值的 90%以上。

（三）优势科技资源集聚，区域创新服务能力不断提升

科技创新平台建设不断加强。根据烟台市 2018 年国民经济和社会发展统计公报，截至 2018 年，烟台市国家级和省级工程（技术）研究中心、企业技术中心、实验室等科技创新平台总量分别达到 36 家和 326 家，高新技术产业开发区进入山东半岛国家自主创新示范区建设行列，为提升企业的自主创新能力奠定了坚实基础。高层次人才队伍建设成效明显。截至 2018 年，烟台市拥有两院院士 3 人、国家“千人计划”专家 150 人、创新人才推进计划专家 21 人、山东省“泰山学者”和山东省泰山产业领军人才 177 人、齐鲁首席技师 111 人、齐鲁和谐使者 27 人、外专“双百计划”人才（团队）8 个。科技创新公共服务平台建设不断加快，为推动产业、科技、金融深度融合，建成烟台市产业导航服务平台，通过聚合创新要素，引导区域产业创新发展。市级以上科技企业孵化器和培育单位达 30 家，总面积突破 120 万平方米。蓬莱省级农业高新技术产业示范区、栖霞省级农业科技园先后升级为“国家农业科技园区”。产学研合作成效显著，“招院引所”取得突破，成功引进中国科学院计算技术研究所烟台分所、中国科学院上海药物研究所烟台分所、中国科学院计算技术研究所烟台分所，解决了企业创新发展中的一大批关键性技术难题，促进了先进技术成果的转化。

（四）创新环境进一步优化，创新发展氛围更加浓厚

2012 年以来，烟台市委、市政府高度重视创新，通过各种形式在烟台市

范围内大力倡导科技进步与创新。科技政策体系不断完善，政府先后制定出台了《关于加快提升企业自主创新能力的意见》《关于推进科技服务业发展的意见》《关于加快高新技术产业发展的意见》《烟台市创新型产业集群建设与发展规划（2016—2020 年）》《烟台市加快实施创新驱动发展战略行动计划（2016—2020 年）》《烟台市“十三五”科技创新规划》等政策文件，为科技发展营造了良好的政策环境。政府科技扶持力度不断加大，设立了科技创新平台建设每年专项资金 5000 万元，专门用于支持科技创新平台建设和高端科研机构引进。科技计划和科技奖励管理体系日趋完善，市级科技经费 80%以上用于支持企业科技创新。

二、烟台市科技成果转化定位分析

与国家区域发展战略山东半岛蓝色经济区建设、山东半岛国家自主创新示范区、国家高新技术产业开发区和泛济青烟新旧动能转换综合试验区烟台先行区建设相衔接，聚集示范区内相关骨干企业、研发单位和科技成果转移转化服务机构等组建产业技术创新联盟，重点发展海洋工程装备、生物医药、海洋技术、现代农业、航空航天科技、电子信息、新材料、先进制造、新能源与节能环保、民生科技等优势产业，建立以生物与医药、海工装备与高技术船舶、新材料等十大蓝色海洋科技成果转移转化基地与集群，将烟台市建设成为在国内具有影响力的国际生命科学创新示范区，引领世界海工装备发展的“海工装备产业之都”和鲜明特色的“高技术船舶研发制造基地”，全球最大的聚氨酯产业基地，打造形成辐射山东半岛自主创新示范区的科技成果转移转化基地和科技产业聚集区。

三、烟台市加速科技成果转化的推进路径

（一）增强高校和科研机构科技成果转化动力

建立高校和科研机构、企业协同创新机制，推动科研成果与产业、企业需

求有效对接，支持高校、科研院所围绕烟台市发展需求开展研发，提高科技成果供给质量。依托高校和科研机构，开展科技成果转移转化平台试点建设，完善科技成果转化激励机制，允许按规定协议确定科技成果交易、作价入股的价格；提高科研人员职务成果转化收益比重，科技成果贡献人员和团队的收益占成果转让收益的比例提升，事前有约定的，按约定执行。支持高校成立科研成果孵化基金，建立科技成果转移转化服务机构，为高校科研成果转化提供支持。研究制定在烟台市的高校和科研机构与烟台市企业（产业）互动发展评估指标体系，对其在当地转化科技成果实行后补助政策。

研究制定职务科技成果信息披露、国有科技成果挂牌交易、技术中介服务标准体系等办法与规范。探索地方政府采购支持创新产品推广、财政资金资助科技成果限时强制进场交易、科技成果转化为技术标准试点等政策。支持中央部属高校和科研院所在符合法律法规的前提下执行地方创新政策。鼓励高校和科研院所探索建立符合科技成果转化特点的横向课题经费管理、职称评价、岗位管理、绩效考核制度。开展国内重点高校、科研院所走访活动，广泛多渠道开展协同创新、合作创新活动，推动高校、科研院所科技成果向地方区域特色转移转化。

（二）打造具有区域特色的科技成果产业化集群

发挥政府、高校、科研院所、行业骨干企业、产业技术创新联盟等作用，发展壮大具有区域特色的创新型产业集群，引导科技成果对接产业需求转移转化。提供从实验研究、中试熟化到生产过程所需的创新服务，培植烟台市整体发展新优势。着力推动海工装备与高技术船舶、生物与医药、现代农业、现代化工、高端铝材及加工、输变电及智能电网设备、机器人及智能制造、新能源与节能环保、电子与光电子材料、电子信息等十大新兴产业集群集聚发展。加快科技成果转化和产业化步伐，力争到2021年实现十大集群总产值超过1万亿元。

1. 海工装备与高技术船舶集群

以烟台中集来福士海洋工程有限公司为龙头，蓬莱巨涛海洋工程重工有限公司、烟台杰瑞石油服务集团股份有限公司、蓬莱中柏京鲁船业有限公司、烟台台海玛努尔核电设备股份有限公司、山东悦龙橡塑科技有限公司等为骨干，以中集来福士国家级海洋石油钻井平台研发（实验）中心为依托，组建海工装备产业技术创新战略联盟，到2021年实现销售收入1000亿元以上。

2. 生物与医药集群

以中国科学院上海药物研究所烟台分所、山东国际生物科技园、山东绿叶制药有限公司、烟台荣昌制药股份有限公司为龙头，烟台东诚药业集团股份有限公司、烟台渤海制药集团有限公司、石药集团百克（山东）生物制药有限公司、烟台正海生物科技股份有限公司、山东先声麦得津生物制药有限公司等为骨干，组建生物与医药产业技术创新战略联盟，到2021年实现销售收入1000亿元以上。

3. 现代农业集群

以山东鲁花集团有限公司、龙大食品集团有限公司、烟台张裕集团有限公司、中国长城葡萄酒有限公司、烟台北方安德利果汁股份有限公司、烟台市喜旺食品有限公司、山东东方海洋科技股份有限公司等为龙头，山东登海种业股份有限公司、莱州市金海种业有限公司、山东益生种畜禽股份有限公司、山东民和牧业股份有限公司、山东蓝色海洋科技股份有限公司、莱州市明波水产有限公司、海阳市黄海水产有限公司、蓬莱京鲁渔业有限公司等为骨干，与烟台市内外高校、科研院所协作组建粮油、果品、畜牧、渔业4个产业技术创新战略联盟，到2021年实现销售收入3000亿元以上。

4. 现代化工集群

以万华化学集团股份有限公司、烟台泰和新材料股份有限公司、山东玲珑轮胎股份有限公司、山东道恩高分子材料股份有限公司等为龙头，山东大易化工有限公司、烟台恒源生物股份有限公司等为骨干，以2个国家工程技术研究中心（烟台万华化学国家聚氨酯工程技术研究中心、烟台泰和新材国家芳纶工程技术研究中心）和山东玲珑轮胎股份有限公司、山东道恩高分子材料股份有限公司的 2 个国家企业技术中心为依托，组建聚氨酯、芳纶、热塑性弹性体材料等产业技术创新战略联盟，到 2021 年实现销售收入 2000 亿元以上。

5. 电子信息集群

以烟台海颐软件股份有限公司、烟台睿创微纳技术有限公司、鸿富泰精密电子（烟台）有限公司等为龙头，山东航天电子技术研究所、烟台中科网络技术研究所、浪潮乐金数字移动通信有限公司、乐金显示（烟台）有限公司、烟台华东电子软件技术有限公司、烟台北方星空自控科技有限公司、烟台智慧云谷云计算有限公司、烟台惠通网络技术有限公司等为骨干，组建电子信息产业技术创新战略联盟，到 2021 年实现销售收入 2000 亿元以上。

6. 高端铝材及加工集群

以山东南山铝业股份有限公司为龙头，丛林集团有限公司、烟台路通精密科技股份有限公司、龙口奥瑞金包装有限公司、烟台杰瑞富耐克换热设备有限公司等为骨干，以龙口“国家铝及铝合金加工高新技术产业化基地”、国家铝合金压力加工工程技术研究中心为依托，建设高端轻合金材料加工基地，到 2021 年实现销售收入 1000 亿元以上。

7. 输变电设备及智能电网集群

以东方电子股份有限公司为龙头，烟台东方威思顿电气股份有限公司、山东鲁亿通智能电气股份有限公司、卧龙电气烟台东源变压器有限公司、山东哈大电气有限公司、欧瑞传动电气股份有限公司、烟台正信电气有限公司、山东金美亚电力科技有限公司等为骨干，组建输变电设备及智能电网产业技术创新战略联盟，到 2021 年实现销售收入 500 亿元以上。

8. 机器人及智能制造装备集群

以鸿富泰精密电子（烟台）有限公司为龙头，烟台拓伟机械有限公司、烟台海德机床有限公司、烟台拓福数控机床有限公司、龙口市蓝牙数控装备有限公司、龙口市埃迪克自动化设备有限公司、核工业烟台同兴实业集团有限公司、烟台长力自动化设备有限公司等为骨干，以中国科学院计算技术研究所烟台分所为依托，组建机器人及智能制造装备产业技术创新战略联盟，到 2021 年实现销售收入 200 亿元以上。

9. 新能源与节能环保集群

以烟台冰轮集团有限公司、万华节能科技集团有限公司为龙头，山东德利环保工程有限公司、烟台顿汉布什工业有限公司、烟台东方科技环保节能有限公司、烟台欧森纳地源空调股份有限公司、烟台龙源电力技术股份有限公司、烟台宝源净化有限公司、鑫广绿环再生资源股份有限公司、烟台旭泰新能源科技有限公司、海德尔节能技术股份有限公司等为骨干，组建新能源与节能环保产业技术创新战略联盟，到 2021 年实现销售收入 1000 亿元以上。

10. 电子与光电子材料集群

以中节能万润股份有限公司、烟台显华化工科技有限公司为龙头，烟台德邦科技有限公司、山东东仪光电仪器有限公司、山东盛华电子新材料有限公司、烟台希尔德新材料有限公司、烟台一诺电子材料有限公司、山东金宝电子股份有限公司、贺利氏（招远）贵金属材料有限公司、烟台正海磁性材料股份有限公司、烟台首钢磁性材料股份有限公司等为骨干，组建电子与光电子材料产业技术创新战略联盟，到 2021 年实现销售收入 500 亿元。

（三）围绕重大需求推动科技成果转移转化

围绕技术研发的重点和产业发展的需求，精心布局科技发展的重点领域和方向，分类分批发布成果信息，实施一批技术关联性高、产业带动性强的重大项目，加强相关领域的科技成果转移转化，壮大战略性新兴产业，淘汰落后产能，提升烟台市核心竞争力。支持各级财政科技计划成果和科技奖励成果转化应用。

以提高产量、品质、抗性等优良性状为目标，开展利用现代生物育种技术和分子育种技术等高科技手段的品种创新技术成果转化与推广；开展产品精深加工、贮运、营养和健康食品、食品安全生产、物联网等关键技术在农产品加工和食品生产销售中的应用技术成果转化与推广；开展鱼虾（蟹）贝藻参等重要增养殖生物苗种高效扩繁、海水鱼低碳高效养殖、海洋功能蛋白规模化生产、浅海底层生物资源产业生态化等关键技术开发与推广，加大海水养殖环境工程优化、远洋渔船及船用装备、远洋渔业产品精深加工、鲜活产品运输及冷链物流等技术开发与推广。

加强生物制品、创新药物与新型制剂、现代中医药、传统原料药改造提升、创新医疗器械、生物诊断试剂与设备等方面的技术开发和成果转化，开发出一批具有国际领先水平、附加值高的新产品，打造具有一定影响力的全球生物医药研发中心。支持肿瘤疾病、心脑血管疾病、自身免疫系统疾病、代谢疾病等领域加强抗体及偶联药物、药物新型制剂、天然药物、人体修复材料等方面的技术开发和成果转化，开发出一批具有国际领先水平、附加值高的新产品，打造具有一定影响力的全球生物医药研发中心。

重点解决制约烟台市现代化工行业可持续发展的重大关键技术问题，掌握一批具有自主知识产权的国际先进水平的聚氨酯、芳纶、热塑性弹性体材料产业链关键技术成果，进一步拓展创新领域，打造国内生产集约化程度最高、产业链配套合理完备、技术最先进、产业规模最大的聚氨酯、芳纶、热塑性弹性体材料等产业链。

加强超深水半潜式平台、深海资源探测开发、海上作业保障装备、海工特种船舶、远洋渔船、豪华邮轮游艇建造等的技术开发及成果转化。支持深海钻井系统关键技术及成套设备开发和成果转化。支持配套企业为总装企业提供甲板机械、舾装设备、电气设备、橡胶软管、油气处理模块、生活模块、导管架、桩腿、固井设备、压裂设备等配套产品的技术开发及应用。

（四）推动企业成为科技成果转移转化的重要力量

健全技术创新的市场导向机制和政府引导机制，加强产学研协同创新，引导各类创新要素向企业集聚，扩大企业“话语权”，促进企业成为技术创新决策、研发投入、科研组织和成果转化的主体，使创新成果转化为产业活动，培育新的增长点，促进经济转型升级提质增效。充分发挥企业和企业家在烟台市创新决策中的重要作用，吸收更多企业参与研究制定烟台市技术创新政策、规划和重大科技项目。在相关专家咨询组中，产业专家和企业家的比例原则上不低于 1/3。建立完善以企业为主体、市场为导向、产学研密切合作的项目形成和实施机制，产业化目标明确的科技项目由骨干企业牵头、政府引导并联合高校和科研院所实施。

加快培育科技型中小企业。全面落实国家、山东省有关支持中小微企业发展的政策措施，完善科技型小微企业孵化创新体系，健全政策咨询、综合协调等服务体系，加速集聚人才、资本、项目等创新要素，运用高新技术对中小企业进行嫁接改造，增加产品科技含量和提高企业发展活力，推动中小企业向科技型转型发展。支持科技型中小企业与创新型产业集群内骨干企业分工协作、相互支撑、联动配套、协调发展，使其成为壮大产业创新集群、带动经济转型升级的重要后备力量。

坚持重点培育与改造提升并重、坚持增加数量与提升质量并举，不断发展壮大高新技术企业。建立完善高新技术企业认定部门合作与协调机制，加强规划指导，推进重点产业、重点行业、重点区域的高新技术企业发展。启动实施小微企业“小升高”助推计划，按照国家高新技术企业认定管理的有关标准，加大对小微企业的辅导和培养，规范管理，提升创新能力，支持创业企业健康发展、快速成长。

筛选一批技术含量高、关联度大、产业链长的高新技术企业，优先支持申报国家、省、市重大科技计划项目，优先支持建设国家、省、市重大科技平台，促进其加速成长为顶天立地的创新领军企业和行业发展龙头。广泛开展高新技术企业认定及有关优惠政策的解读、咨询和辅导工作，确保符合条件的企业全面纳入认定范围，保障高新技术企业税收优惠、企业研发费税加计扣除等激励政策落地，促进高新技术产业发展。

（五）支持和培育科技成果转移转化机构

发展市场化的科技成果转移转化服务机构，培育壮大技术大市场，建设技术产权交易、知识产权交易、海洋产权交易等线上与线下相结合的交易平台，加强国家、山东省和烟台市科技成果转移转化服务平台互联互通。

1. 强化孵化器孵化和转化科技成果的功能

坚持孵化器专业化发展方向，建设1000万平方米企业孵化器。鼓励各县市区围绕区域产业特点和产业链条延伸需求，按一器多区、分类集群模式布局培育一批专业孵化器。加大对孵化器的支持，进一步完善“苗圃-孵化器-加速器”的科技创业孵化链条，加速创业企业成长。在重点领域加快建设以成果转移转化为主要内容的众创空间，大力推动以核心技术为源头的创新创业，支撑实体经济发展。支持县（市、区）立足自身产业特点，依托高新技术园区、产业开发区、科研机构等现有优势条件，每个县（市、区）至少建成1～2个众创空间聚集示范区和1个以上创业服务平台。在强化政府主导、加大财政投入的同时，积极引入社会资本参与众创空间建设。

2. 建设科技成果转移转化服务中心

发挥好中国科学院山东综合技术转化中心烟台中心、天津大学（烟台）技术转移中心、中国航天集团技术转移应用（烟台）中心、烟台海洋产权交易中心等政产学研合作载体功能，积极开展科技成果在烟台市转移转化活动。大力支持国内外高校、科研院所在烟台市设立技术成果转移转化中心。对经认定的成果转移转化中心，市级财政一次性给予不超过30万元的补助。鼓励外地技术转移服务机构在烟台市设立法人单位或分支机构，为企业自主创新和高校、科研院所科技成果转移转化提供全方位服务。到2020年，烟台市技术合同成交额突破120亿元。

3. 打造产业创新互联网服务平台

以服务产业发展为目标，以大数据、云计算、移动互联网技术为支撑，融合第三方企业、高校、科研院所及互联网信息等产业相关数据，拓展提升烟台市产业导航服务平台功能，构建统一开放、线上线下同步的科技资源共享服务平台，实现科技资源整合、信息开放共享互动、科技金融服务无缝对接，促进科技成果转移转化，提高企业创新能力与核心竞争力，推动更多的“烟台制造”向“烟台创造”“烟台设计”“烟台标准”跨越。大力发展大数据及云计算产业，加快推动烟台高新技术产业开发区华为云计算华东大区总部、清华启迪科技园、软通动力创新综合体等项目建设，建立涵盖山东省、辐射日本、韩国的大数据和云服务节点基地，将烟台高新技术产业开发区打造成为国家级大数据产业创新示范基地。

（六）培育壮大科技成果转移转化人才队伍

依托高校和骨干企业建立一批技术转移人才培养基地，开展有针对性的课程培训，培养一批技术经纪人队伍，畅通职业发展通道。支持有条件的高校设立科技成果转化课程。构建科技成果转移转化人才服务平台，举办科技成果转移转化相关活动，实现人才与成果、人才与企业、人才与资本之间的跨界协作。鼓励将科技成果转化领军人才纳入各类创新创业人才引进培育计划。

实施重大人才工程。以高端人才队伍建设为重点，以提升创新创业能力为关键，突出领军人才，突出高技术人才，突出落地引进，坚持人才与平台并重，全力打造国内一流、山东省领先的人才强市。

加大资金投入，重点支持人才引进、资助和奖励，切实增强人才引进工作的投入力度和保障能力。深化拓展高端人才（团队）引进“双百计划”，加快引进高端创新创业人才和蓝色产业领军人才创新创业团队，壮大高层次人才队伍规模。鼓励各县市区实施特色人才工程，加快提升县域人才发展水平，支撑和引领县域经济发展。加强两院院士、国家“千人计划”、“万人计划”、创新人才推进计划及山东省“泰山学者”、山东省泰山产业领军人才等高端人才培育，以更大力度培养急需紧缺人才。

推进人才“引育用”并举。坚持刚性引才与柔性引智、政府引才与市场引才、招商引资与招才引智相结合，改进引才方式，拓宽引进渠道，构建立体引才、全员引才工作机制。

加大政府购买服务力度，鼓励政府部门、企事业单位在人才引进、就业项目实施中引入专业性人力资源服务机构，利用自身优势帮助引进高层次人才。鼓励大中专院校围绕烟台市重点产业，按照市场需求设置相关专业，加强工科专业建设，开办创新创业专门课程，推行产业驱动、项目导向、实训为主的教学方式，建成实训基地 40 处，每年参加实训人员 2000 人以上。开展大规模专业技术人员知识更新继续教育，每年组织开展重点培训班次 100 个以上，培训各类高层次、急需紧缺和骨干专业技术人员 5 万人次以上，为科技成果转移转化提供人才支撑。

（七）加强科技成果转化基础保障支撑力度

1. 引导科技资源开放共享

推动科技成果信息汇交与发布。完善科技成果信息共享机制，在不泄露国家秘密和商业秘密的前提下，向社会公布科技成果和相关知识产权信息，提供科技成果信息查询、筛选等公益服务。

加强科技成果数据资源开发利用。鼓励各类科研平台开放检验检测等创新服务资源，加快实现大型科研仪器设备全面开放，提高科技资源的公共服务能力。

引导支持高校、科研院所向社会开放共享科研设施、大型仪器等科技资源。烟台市利用财政资金建设的各类大型基础实验设备、设施，应当向社会开放、共享，鼓励企业使用实验仪器设备。

围绕重点发展的新兴产业领域，在产业集中度较高的产业园区、创新园区，探索建设实体化运营的公共技术服务平台，提供从实验研究、中试熟化到生产过程所需的仪器设备、中试生产线等资源，开展研发设计、检验检测、技术标准等服务。

2. 大力实施知识产权战略

完善专利创造、运用激励政策。推行企业知识产权管理规范国家标准为基础的知识产权优势企业培育工作，对获得标准认证及优势企业认证的企业给予奖励。鼓励有条件的企业强强联合，研究解决本产业、本行业的共性技术、关键技术，增加原创性、高水平的自主知识产权拥有量，制定行业、产业技术标准，逐步实现“技术专利化、专利标准化、标准国际化”。

强化知识产权运营服务，搭建完善知识产权运营、交易等服务平台，逐步建立健全知识产权评估、质押、托管、流转、变现机制，加快推进知识产权证券化。探索实施专利导航工程，推动重点产业的专利协同运用，培育形成专利导航产业发展新模式。

加强知识产权保护，健全知识产权侵权查处机制，健全知识产权快速维权援助体系，建立知识产权保护社会信用标准和监督机制，将恶意侵权纳入社会信用体系。加强知识产权行政执法队伍建设，加强知识产权相关部门的联合执法能力。

3. 加大对创新型企业的信贷支持

扩大信用贷款规模，鼓励银行机构以企业信用评价为核心，综合考量企业的履约和偿债能力。加强科技金融专营机构建设，争取烟台市国家级经济技术开发区和高新技术产业开发区各设立 1 家以上科技金融专营机构或分支机构。发挥法人机构的总部效应，推动恒丰银行、烟台银行、农村商业银行、村镇银行等地方法人银行机构发挥定位定价、制度安排、产品创新、考核决策等自主权，根据创新型企业的特征和需求，创新体制机制和服务产品，扩大创新型企业信贷投放规模。探索开展高新技术企业风险信贷，引导金融机构开展知识产权质押贷款、股权质押贷款等业务。

4. 发挥资本市场对企业创新驱动作用

加大企业上市挂牌工作力度，将企业上市挂牌事后奖励变为事前补助。支持创新型上市公司通过再融资等方式促进创新创业。推动符合条件的创新型企业到全国中小企业股份转让系统挂牌。壮大基金产业规模，加快推进区域性基金管理中心建设，实现各类基金的高效集聚。加大政府股权投资支持创新力度，对在“新三板”和省内区域性股权交易市场挂牌，以及参与“一带一路”

科技合作和军民融合的科技型企业，市级引导基金可采取直投或跟投方式给予支持。吸引社会资本参与天使投资和科技成果转化投资，鼓励科研院所、高校、产业园区利用自有资金与社会资本合作组建天使基金和成果转化基金，重点扶持各类众创空间、创新服务机构和科技型中小企业等在内的在孵企业、科技创业人才和项目。

（八）产学研协同推进科技成果转移转化

从创新产学研合作模式、机制入手，根据不同产业园区功能定位、不同类型企业的技术需求，发挥企业、高校、科研机构的各自优势，在产业链上实现创新链的有效结合，形成协同创新的产学研合作长效工作机制，促进创新资源的高度聚集、有效配置和高效利用。

加快先进制造技术创新服务平台、中集海洋工程研究院、中集巴顿焊接技术研究院、金属复合材料研究院、中国科学院上海药物研究所烟台分所、抗体药物国际创新服务中心、海洋科技成果转化中心等科技创新平台建设，有效利用国内外科技资源，推动科技开放合作。充分发挥驻烟台军工院校和科研院所的桥梁纽带作用，加强军民融合科技创新平台建设，密切与中国人民解放军国防科技大学、中国航天系统科学与工程研究院等高端军工院所的合作，积极推进“山东省微纳卫星与脉冲星导航示范工程技术研究中心”、中国航天军民融合产业孵化（烟台）中心等科技创新平台建设，促进全方位多领域的技术合作，加快科技成果转化进程，打造军民融合新亮点。

引进、共建国内同行业中具有领先地位的高端科技研发机构。深入推进科技合作，持续开展由市级领导带头、各县市区和市直部门主要负责人参与的“大走访”活动，走访国内有实力、有影响力的高校、科研院所，推动实现“大走访”工作常态化、层次高端化、联系紧密化、合作实效化。重点围绕新材料、海工装备及高技术船舶、汽车制造、核电装备等优势产业和机器人及智能制造装备、新一代信息技术产业、轨道交通装备、生物医药与高性能医疗器械等新兴产业或细分领域，加强对国家级科研院所、国家“985”“211”工程大学及国际知名高校和科研机构等高端科技资源的引进，支持其在烟台市设立或与企业、驻烟台市高校、科研院所共建高端科技研发机构。对促进烟台市科技进步、经济建设和产业发展具有特别重大意义的高端科技研发机构引进，实行“一事一议”政策并给予支持。抓住央企、国企改革机遇，加强央企、国企研发中心的引进与合作，积极服务产业升级发展。

以新能源汽车、新材料、3D 打印、机器人、VR 产业等新兴产业发展为导向，以科技创新为支撑，鼓励并支持有条件的企业建设新型研发机构，积极开展技术研究、产品开发、成果转化和产业孵化等科技创新活动。支持市管企业不断加大研发投入，推进万华全球（烟台）研发中心、冰轮集团欧洲研发中心、张裕葡萄酒研究院等新型研发机构建设，加快科技成果转移转化，强化产业辐射延伸，持续提升核心竞争力。

第七章
山东省技术转移体系构建研究

第一节　青岛市技术市场创新发展经验借鉴

近年来，青岛市技术市场积极创新管理模式，不断完善政策，加大投入力度，强化技术市场人才队伍建设，在全国技术市场中表现优异。

一、青岛市技术市场工作的主要做法和成效

2013 年，青岛市启动全市技术市场服务体系建设，创新技术市场管理服务工作，在科技成果转化、技术转移和技术市场建设等方面开展了一系列工作。据青岛市科技局统计，2013 年，青岛市技术合同交易额达到 35.42 亿元，同比增长 39.61%；2018 年，青岛市实现技术交易 7553 项，技术交易额 155.82 亿元，较 2013 年同期增长近 3.4 倍，在全省位居第一位。

青岛市技术市场创新做法主要有大胆创新技术市场管理服务模式、强化技术市场服务体系建设、培育发展专业化的技术市场服务人才队伍、提升技术市场服务机构的专业服务能力、搭建市场化的公共服务平台、建设覆盖全市的

技术市场服务网络。

（一）技术市场管理服务模式创新

2014 年 2 月，青岛市首届科技成果拍卖会在青岛技术交易市场举行，共有 9 项科技成果参加拍卖，最终成交 4 项，成交总额 1050 万元。青岛市在国内首创科技成果挂牌交易模式，正式推出科技成果挂牌交易规则。首批挂牌项目 28 个，由青岛市技术经纪人自发修订推出技术交易“主协调人模式（TMC）条款”，作为技术交易委托方式的主要参考。TMC 是针对青岛市当前科技中介机构普遍小散弱的现状，以及中介服务常见“跑单”现象，而制定的科技中介业务协作和利益分配规则，克服了传统“赢者全拿”模式的不合理。

（二）建立健全技术市场服务体系

针对长期以来技术市场不繁荣、中介机构小散弱、技术市场不活跃的突出问题，以企业需求能满足、院所成果能转化、中介服务能到位、市场繁荣能发展为目标，青岛市出台了《青岛市国家科技成果转移转化示范区建设实施方案》，采取事后补助方式，建立“政府、行业、科技中介、技术经纪人”四位一体的技术市场服务体系，理清了政府与市场的关系，真正发挥了市场对技术研发方向、要素价格和各类创新要素配置的导向作用。

（三）培育专业化的技术市场服务队伍

青岛市出台了《技术合同服务点评定和管理办法》《技术转移服务机构评定和管理办法》《技术经纪人从业资格管理办法》，全面开展科技中介机构和技术经纪人培训、认定和考核。2013 年 10 月以来，每年举行青岛全市技术经纪人和技术市场专员培训，培训人员取得技术经纪人资格超过 600 余人次，打造了一支符合“专业化”“市场化”要求的技术经纪人队伍。

（四）提升技术市场服务机构专业能力

2013 年，青岛市科技财政专项资金中安排促进科技成果转化技术转移政策性补助资金 500 万元，专项用于培育技术市场和科技中介服务机构，采用后补助支持方式对技术转移示范机构、技术合同服务机构、技术经纪人培训机构和科技成果转化项目进行补助。2014 年，青岛市科技局和财政局联合制定了《促进科技成果转化技术转移专项补助资金管理暂行办法》，专项补助资金规模达到 4000 万元，增加了对技术吸纳方和技术咨询服务方的补助。截至 2018 年，全市已培育技术转移机构 127 家。

（五）搭建技术市场的市场化平台

在高新技术产业开发区建立具有交易、交流、服务、融资等综合功能的青岛技术交易市场，组建青岛高创科技融资担保公司，截至 2014 年 10 月，与 20 余家金融服务结构搭建科技金融超市，开办蓝湾企业家俱乐部，为 100 余家科技企业提供了融资服务。设立山东省首个市级天使投资引导资金，首期募集资金 4 亿元，政府引导资金出资 2000 万元，实现财政科技专项资金使用效能放大 20 倍。

“一网一厅”（蓝海技术交易网和技术交易服务大厅）于 2013 年 10 月投入运行，截至 2014 年 10 月，有 60 余家中介机构入驻并开展服务，初步形成了“天天有活动、周周有主题、月月有专题”的运行态势。仅仅 1 年内，技术交易市场就已举办各类技术交易促进活动 300 余场、参与机构 7536 家次，参与人数逾 1 万人次。

（六）建设覆盖市、县（区）技术转移服务机构网络体系

截至 2018 年，目前，市级技术合同服务点已由 2012 年的 2 家增加到 13 家。同时技术交易市场引入专业化公司，开展技术交易业务组织和技术交易网站建设运营工作。继宁波市之后，青岛市第二个开展市级技术转移示范机构建设，在各县市区设立了技术合同登记服务网点，组织开展了市级技术转移服务机构培育建设。根据青岛市推进科技成果转移转化部署，计划到 2020 年实现全市技术合同成交额 200 亿元，培育各类技术转移服务机构 100 家以上，

培育技术经纪人1000名以上。

二、关于山东省技术市场工作的思考

目前制约山东省技术市场发展的主要问题有：①技术市场服务体系不完善，缺少对技术市场的资金投入，技术交易相关政策落实不到位；②企业（特别是科技型小微企业）技术需求和技术供给信息不对称；技术中介机构与技术经纪人数量少，缺乏对科技成果评价及对无形资产评估的资质和能力；③技术经纪人的技术水平和经验不足，服务水平低。

针对以上问题，结合青岛市的大胆探索，对山东省技术市场的工作有如下启示：

（一）加强山东省科技成果转化服务平台建设

充分发挥山东省科技成果转化服务平台的功效和作用，通过市场化运营，利用平台做好网上重大技术难题招标，网上重大科技成果展示、评估、拍卖等一系列工作，实现技术市场“网上网下相结合”的运作模式。将科技成果转化服务平台网络延伸至市、区，建立省、市、县（区）互动的平台网络体系。

（二）创新技术市场服务管理模式

着力加强山东省技术市场服务体系建设工作，全面提升技术市场综合服务能力；强化对各市技术市场建设工作的分类指导，加强成果转化和技术转移数据的统计分析。以技术市场统计数据纳入省委组织部对各市人才工作考核指标为契机，鼓励各市出台促进技术市场发展的政策和专项资金支持。大胆探索技术市场国际化路径，积极主动与国际技术转移机构、技术交易评估机构建立联系，根据山东省技术交易现状需求，通过联合举办会议、培训班和进行技术交易评估等方式开展技术交易的国际合作。

（三）加强技术市场人才队伍建设

以打造复合型技术经纪人为目标，实施培训工程，全面提升技术市场人才队伍素质。山东省组织开展了合同登记员的培训，全面提升技术合同登记人员的服务水平和质量。下面，会继续加大对技术市场管理人员和技术经纪人的培训工作力度，进一步壮大技术市场管理服务队伍。力争到2020年年底，培育发展省级技术转移服务机构达到200家以上，培育国家技术转移示范机构50家以上，培育具备专业素质的技术经纪人达到2000名，技术合同成交额突破1000亿元。

（四）优化技术市场发展环境

青岛市安排专项补助资金对技术交易的买卖方及技术交易中介机构进行补助，对促进科技成果转化与技术转移发挥了一定的作用。下一步，山东省将对技术市场建设加大政策和资金扶持力度，认真落实《关于加快全省技术市场发展的意见》《关于加快全省技术转移体系建设的意见》，研究制定对技术交易各方的补助政策。通过省科技成果转化服务平台转化成果，技术交易活跃度、技术交易额情况优秀的企业、高校科研院所优先列入各类科技计划支持。加强技术市场的监督管理，定期开展各市经济发展形势预测预警分析，提高技术市场发展的决策咨询水平。

第二节　上海市促进科技成果转化经验借鉴

上海市在推进《中华人民共和国促进科技成果转化法》和国务院《实施〈中华人民共和国促进科技成果转化法〉若干规定》、促进科技成果转化等方面走在国内前列，取得了较丰硕的成果。

一、上海市科技创新环境与上海市科技创业中心概况

（一）上海市科技创新环境总体情况

上海市围绕建设“具有全球影响力的科技创新中心”，同时结合“五位一

体”创新服务体系建设目标，聚焦企业主体培育，强化创新政策支持、科技成果转化、科技金融服务、区域协同创新四大服务功能建设。

1. 在企业创新主体培育方面

稳步推进创新载体链建设，基本形成“创业苗圃+孵化器+加速器”的科技创业孵化服务载体链。“孵化+投资+服务”的创业孵化模式持续优化。

2. 在科技创新政策支持方面

严格落实企业研发费用加计扣除、高新技术成果转化、高新技术企业认定等普惠性政策，多措并举加大资金支持力度，推动科技型中小微企业发展。

3. 在加快科技成果转化方面

不断创新资助模式，积极探索建立市场主导的科技成果转化服务体系，筹建国家技术转移东部中心，促进技术市场活跃与繁荣发展。

4. 在科技金融方面

积极推进科技金融试点城市建设，通过建设科技金融信息服务平台，开辟全市科技型中小微企业融资的重要渠道。在推动协同创新机制建设方面，大力推进市区联动、区校（所）合作。

5. 区域创新体系优先发展方面

支持张江国家自主创新示范区建设，积极推进行政审批权下放，突出政策试点和先行先试，推动新技术、新业态、新模式、新产业的总量增长和质量提升。

（二）上海市科技创业中心

上海市科技创业中心创建于 1988 年 4 月，是上海市科学技术委员会直属的非营利的社会公益性科技事业服务机构，也是科技部批准的国家级高新技术创业服务中心、上海科技企业孵化协会的挂靠单位及上海国际企业孵化器的牵头单位。2011 年，上海市高新技术成果转化服务中心、上海市火炬高技术产业开发中心并入上海市科技创业中心。上海市科技创业中心致力于“转化科技成果、孵化科技企业、培育科技企业家”，努力营造良好的创业环境，为科技企业和创业者提供全方位、全过程的综合服务，促进高新技术成果的商品化、产业化和国际化。

二、上海市科技成果转化工作的做法与成效

（一）成果转化工作成效显著，政策落实执行有力

1. 扎实推进科技成果转化项目认定管理

上海市科学技术委员会牵头联合上海市发改委、经信委、财政局等市直部门，成立上海市高新技术成果转化项目（简称高转项目）认定办及认定评委会，作为上海市科技成果转化工作的协同推进平台，负责高转项目组织认定工作。根据上海高新技术成果转化年报统计，2014 年，上海市财政落实高转财政专项扶持资金 6.84 亿元，贷款贴息 261.74 万元。截至 2018 年年底，上海市高转项目转化实施后累计获得财政专项扶持资金 86.2 亿元，贷款贴息超过 1.69 亿元。

2. 持续优化完善成果转化政策，强化政策的连续性实施

《上海市促进高新技术成果转化的若干规定》（简称《高转政策》）自 1998 年颁布实施以来，多年来坚持政策的落实，并于 1999 年、2000 年、2004 年先后进行三次修订，成果转化政策不断完善。《高转政策》是上海市企业受惠最大、效益最明显的政策之一，而且还与其他人才引进、平台建设、高企认定等政策挂钩，形成了高效有力的政策组合。

（二）成果转化政策全链条设计，成果转化率先试点

上海市在国内首先出台促进高新技术成果转化的政策，政策内容包括财政、税收、投资、金融、人才等，涵盖高新技术成果转化链条的各主要环节及

企业创新能力建设的关键要素。加强成果转化管理的规范化、科学化，对高转项目认定工作的相关规定和程序进行了认真梳理、反复修改，编写完成《上海市高新技术成果转化项目认定办事指南》与《上海市高新技术成果转化项目认定业务手册》。

以张江国家自主创新示范区为先行先试平台，在全国率先进行科技成果转化政策试点，有序推进高转项目认定权限下放试点工作，在供给侧结构改革方面，有效促进了高转项目认定管理的规范化，提升了审批效率和项目认定工作的服务水平，极大地推动了企业创新能力的提升。

（三）财政资金支持力度较大，服务体系建设逐步健全

上海市财政部门设立高转项目财政专项扶持资金。对于认定的高转项目，自 2010 年以来，上海市财政每年拿出 6～7 个亿的专项资金采取后补助方式给予扶持。截至 2018 年，上海市累计完成 12 118 项高转项目的认定和发证工作，引进实施高转项目人才落户 2600 余人，通过成果转化类中级、高级职称评审 9300 余人。高转项目财政专项扶持资金和贷款贴息政策的有效落实，有效促进了企业科技成果转化。

上海市大力培育科技中介服务机构。上海市科学技术委员会设立专项资金，每年通过后补贴方式对优秀专业技术转移转化机构给予支持，有效促进了成果转移转化中介服务机构的不断发展壮大。设立了“一门式”服务窗口，专门受理科技成果转化有关政策申请、提供各类科技创新政策咨询辅导、协调相关政策的落实等，为营造良好科技创新政策环境发挥了助手和“立交桥”的作用。

（四）多元创新政策协同推进，促进企业高技术人才队伍建设

为吸引优秀科技成果转化人才，上海市专门出台相应的高新技术成果转化人才引进政策。针对科技成果转化人才引进，上海市每年提供 200 名左右的落

户名额。上海市人力资源和社会保障局专设窗口解决科技成果转化人才的落户问题。

针对从事科技成果转化的科技人才评价，上海市专门制定了高新技术成果转化类职称评审办法，设立职称评审委员会，主要面向全市的民营企业开展高新技术成果转化类职称评审工作，极大地激励了企业中优秀人才从事科技成果转化工作的积极性、主动性。

（五）成果转化项目动态跟踪，提升各生命周期阶段企业竞争力

上海市坚持做好成果转化项目的动态跟踪管理，建立了成果转化动态跟踪平台，通过成果转化联络站，采用网络、短信、传真、会议动员、上门服务、工商税务协查等多种方式进行项目跟踪，不断加强成果转化认定项目的后期管理和绩效评价，促进企业更好地享受成果转化政策。

高转项目的组织实施极大地推动了不同生命周期企业发展能力的提升。对于初创期企业，有效减轻了成本负担，为企业带来了真正实惠；对于成长、成熟和转型期企业，通过成果转化项目认定获得持续性财政资金支持，有利于降低企业创新风险，引导和激励企业加大科技成果转化力度，创造更多市场价值。

（六）科技成果转化树立典型，突出典型引领示范效应

为促进科技成果加速转化，突出科技创新和成果转化的引导与示范效应，上海市每年组织高新技术成果转化项目的“百佳”和“自主创新十强”的评选工作，组织召开高转项目“百佳十强”年会，宣传成果转化项目典型，提高网络、电台等新闻媒介宣传力度。

并且，上海市组织编制高新技术成果转化年度报告，对优秀高新技术成果转化项目重点宣传，营造了促进高新技术成果转化的良好环境和氛围，对促进科技成果转化起了重要的引导和示范效应。

三、上海市经验对山东省科技成果转化工作的启示

（一）加强科技成果转化工作的统筹推进

建立山东省科技厅牵头，省财政厅、国税局、地税局、发改委、经信委、省教育厅等相关部门参与的科技成果转化协同推进平台，建立科技成果转化项目认定、管理、协调工作机制；认真做好《山东省促进科技成果转化条例》的修订工作，梳理完善促进科技成果转移转化的系列政策，围绕科技成果转化的各个主要环节，加强政策的全链条设计，为推动企业科技创新与加速科技成果转化营造良好的政策环境。建立科技成果报告制度，建立科技成果转化动态跟踪机制。加强科技成果转化项目管理与动态跟踪平台建设，强化对重大科技成果转化项目的认定、后期管理、绩效考评，实施科技成果转化项目的全生命周期管理。

（二）完善科技成果转化人才评价与激励机制

加强科技成果转化人才队伍建设，积极对接山东省泰山产业领军人才工程，出台相应的科技成果转化人才引进政策，加大相关政策落实力度；针对从事科技成果转化的科技人才，制定专门的科技成果转化类职称评审办法，给予科技成果转化人才职称认可，但不与企业待遇直接挂钩，在不增加企业负担的前提下，促进科技人才向企业集聚与优化，促进科技成果的有效转化。

（三）加大财政资金扶持力度，优化支持手段和方式

加大落实研发费用加计扣除政策、高新技术企业税收优惠政策等相关促进科技成果转化政策的落实督查。加大对科技成果转化的持续性专项资金扶持力度，通过后补助、贷款贴息、风险补贴、创新券等方式，发挥财政资金的引导作用，引导金融资本支持企业高新技术成果转化，形成政府、企业、金融三个渠道投入，不断完善促进企业创新和科技成果转化的资金投入机制。建立完善科技金融信息服务平台，持续推进成果转化项目信用贷和产品服务水平

的提升。

（四）突出科技创新和成果转化的引导与示范效应

开展优秀科技成果转化项目“十强百佳”的评选工作，每年筛选一批转化特色鲜明、成效显著、具有典型示范意义的项目，突出其科技创新和成果转化的引导与示范效应，发挥其激励引导作用，让更多的创新成果涌现和高效转化。加强对科技成果转化服务机构的资金支持力度，开展科技中介服务机构的考评，采取后补贴等方式对优秀专业技术转移转化机构给予支持，推进成果转移转化中介服务机构不断发展壮大。

（五）加大政策宣传力度，提升科技成果转化服务水平

梳理关于促进科技成果转化和科技创新的有关政策，汇编科技成果转化政策手册，方便企业及时、全面了解科技成果转化相关政策，通过政策培训等方式加大政策宣传力度。通过设立专门服务窗口、网络在线咨询等多种方式，专门受理科技成果转化有关政策申请、提供各类科技创新政策咨询辅导、协调相关政策的落实，让企业更加便捷、充分地掌握、享受好各类科技成果转化政策。

第三节　加快推进山东省技术转移体系建设

近年来，山东省科技成果持续产出，科技成果转化的载体支撑日益增强，技术交易日趋活跃，技术交易保持快速增长态势，有力地推动了战略性新兴产业的发展和高端资源在山东省的汇聚。2016 年，山东省共登记技术合同

22 260 项，技术交易成交金额 420.2 亿元，同比增长 23.6%，居全国第八位。2017 年 10 月，科技部批复支持山东建设济青烟国家科技成果转移转化示范区，为山东省加快推进技术转移体系建设，加速推进科技成果转移转化提供了重要基础和机遇。当前，山东省正围绕加快新旧动能转换部署实施新旧动能转换重大工程。因此，在山东省加快实施创新驱动发展战略和建设创新型省份的背景下，加快山东省技术转移体系建设，构建符合科技创新规律、技术转移规律和产业发展规律，切合山东省发展实际的技术转移体系，对于加快推进山东省建设创新型省份、助推山东省加快新旧动能转换具有重要意义。

与此同时，山东省也面临技术转移链条不畅、人才队伍不强、体制机制不健全等问题，迫切需要加强系统设计，全面提升科技供给与转移扩散能力，推动科技成果加快转化为经济社会发展的现实动力。结合山东省实际，应着重从以下几个方面推进山东技术市场体系建设：

（一）建设全省统一开放的技术市场

完善技术市场体系。以山东省技术转移转化中心桥头堡，辐射带动山东技术交易市场发展，力争融入国家技术转移体系，打造成为国家北部重点区域技术转移中心。积极培育区域性市场和专业型市场，建设以济南市为中心的省会城市圈、以青岛市为中心的蓝色经济区、以济宁市为中心的西部隆起带等区域技术交易市场，链接烟台市、淄博市、威海市等各级技术转移平台枢纽，构建统一开放、互联互通的全省技术交易网络体系。建设国内一流、开放共享、功能强大、自成体系的山东网上技术市场，实现科技成果发布、转化、交易、中介咨询等一站式服务，加快科技成果转移转化，努力打造山东网上技术市场品牌。

（二）大力培育技术转移机构

加强技术转移服务机构建设和培育工作，培育一批具有示范带动作用的技术转移机构。加强高校、科研院所技术转移机构建设，鼓励高校、科研院所在不增加编制的前提下建设专业化技术转移机构，加强科技成果的市场开拓、营销推广、售后服务。加快社会化技术转移机构发展，面向科技成果转移转化需求，加快培育一批从事技术咨询、中试基地、评估、检验检测及成果转化、知识产权代理、科技金融等专业服务的技术交易中介服务机构。引导各类创新主体和技术转移机构联合组建技术转移联盟，强化信息共享与业务合作。建立健全技术转移机构绩效考评机制，加大对科技成果转移转化服务机构的奖励和扶持力度，为国家技术转移示范机构提供梯度储备。

（三）壮大专业化技术转移人才队伍

加强技术转移管理人员、技术经纪人、技术经理人等人才队伍建设，健全技术转移人才发展长效机制，畅通职业发展和职称晋升通道。定期举办技术经纪人培训班，对技术经纪人、中高级技术经理人开展分层次培训，培育一支懂技术、晓法律、知金融、擅经营、会管理且适应市场化运作的技术经纪人队伍。鼓励专业技术人员从事技术转移工作，引导山东省内高校院所、企业及科技中介服务机构、行业协会中的专业人才兼职或专职从事科技成果转移转化，发挥专业技术人员熟悉行业技术发展趋势、市场需求的专业优势，努力培育科技成果转移转化的主力军。

强化技术转移人才培养，积极推进技术市场要素进校园系列活动，依托有条件的高校、科研院所建设一批技术转移人才培养基地，设置技术转移相关专业或课程，将技术转移的基本知识融入高等教育体系中，供学生选修，培养具备自然和人文双重背景、多学科交叉优势的复合型人才，壮大山东省技术转移人才后备军。发挥企业、高校、科研院所的作用，通过项目、基地、教学合作等多种载体和形式吸引海外高层次技术转移人才与团队。加强与国际技术转移组织联合培训国际注册高级技术经理人，培养具有专业化能力、复合型背景、国际化视野的高水平技术转移专业人才。

（四）强化国家科技成果转移转化示范区引领带动作用

发挥山东半岛国家自主创新示范区优势，依托济青烟国家科技成果转移转化示范区，推动科技成果转化政策先行先试和应用示范。强化技术、资本、人才、服务等创新资源的总体布局和优化配置，加强各级科技、财政、投资、税收、人才、产业、金融、政府采购、军民融合、知识产权等政策协同，加强各项先行先试改革措施的集成，完善有利于科技成果转移转化的政策环境。充分发挥先行先试的优势，以示范区建设为载体，培育良好的科技成果转化与创新创业环境，激发各类创新主体活力，推动国内外先进技术、成果、人才转移集聚，提升跨区域辐射带动作用，探索全国范围内可复制、可推广的经验与模式机制。

（五）健全技术成果收集发布与精准对接机制

建立各地、各有关部门科技成果信息汇交工作机制，畅通科技成果信息收集渠道，鼓励高校、科研院所、企业等通过平台发布技术供给和需求，并将挖掘技术供需信息能力纳入技术转移服务机构考核体系。加快建立完善科技成果信息系统。建立推广科技成果在线登记交汇系统，明确各类科技计划产生并通过验收、鉴定、评估等成果评价的科技成果登记义务，鼓励计划外非财政投入产生的已通过成果评价的科技成果进行登记。充分挖掘全省企业技术需求和技术难题，形成技术需求库。整合行业协会、学会、中小微企业库等资源，扩充潜在数据信息源，利用大数据分析技术对数据库进行挖掘处理，为科技成果转化提供有力信息支持。加强技术供需对接，通过举办成果拍卖会和发布会、网上展示、成果推介路演等线上线下结合方式，推介高校、科研院所及企业技术成果，探索以政府购买服务的形式，委托行业协会、研发机构、技术转移机构等，按专业或领域组织成熟可转化成果进行专场对接转移，吸引更多技术供需方实现技术交易并顺利转化应用，实现技术成果精准对接。

（六）积极拓展国际技术转移新空间

积极构建国际技术转移协作和信息对接平台，在技术引进、技术孵化、消化吸收、技术输出和人才引进等方面加强国际合作，实现对全球技术资源的整合利用。加强与国内外技术转移机构对接，创新合作机制，形成技术双向转移通道。构建“一带一路”技术转移协作网络，向沿线国家转移先进适用技术。打造一批国际品牌科技合作基地，促进海外先进科技成果来山东省转化。鼓励企业开展国际技术转移活动，引导企业建立国际化技术转移经纪公司、海外研发中心，与国外技术转移机构、创业孵化机构、创业投资机构开展多种形式的合作，为企业技术转移活动搭建平台。

第八章 典型高新技术产业开发区推进科技成果转化的实践

第一节　青岛高新技术产业开发区

一、推进科技成果转化的主要做法

（一）优化科技成果转化的政策环境

为认真贯彻执行“一法一规定”，青岛高新技术产业开发区制定了一系列政策措施，鼓励和保障科技成果在青岛高新技术产业开发区的转化。先后与青岛市科技局签订“局区科技工作会商协议”，制定了《青岛高新区贯彻落实全市创新驱动发展战略观摩会议精神实施意见》《青岛高新区鼓励创新创业创客发展暂行办法》《青岛高新区创新型企业认定管理办法》等一系列加快科技进步和科技成果转化的政策性文件。这些政策的落实大大调动了青岛高新技术产业开发区企业转化科技成果、开展技术创新的积极性，企业自身的研发能力不断提高，企业知识产权保护意识不断增强，企业产品的竞争力不断提升。

（二）加快科技成果转化的载体建设

软件与信息服务公共研发平台一期通过验收，生物医药公共研发平台建成并运行，机器人、海工装备公共服务平台、青岛市储能产业公共研发平台——石墨烯产业子平台启动建设，青岛国家大学科技园投入运营。加快建设“中科系”“中船系”“大学系”三大创新中心，中国科学院光电技术研究所、声学研究所、软件研究所、自动化研究所落户建设青岛研发基地；中国船舶重工集团有限公司投资50亿元建设青岛国际海洋装备科技城，引进中船重工青岛海洋装备研究院、中国船舶重工集团公司第七一〇研究所等15个研究机构；引进清华大学大数据研究中心、清华科技园、北大科技园、西安交通大学3D打印研究院等创新源头机构。

（三）搭建科技成果转化的孵化平台

根据青岛市高新区统计数据，截至2018年年底，青岛高新技术产业开发区拥有国家级孵化器、国家级众创空间16家，累计认定区级以上孵化载体37家；累计引进创新创业项目 1800 余个，建成并投入使用孵化载体超过 220 万平方米，培育高新技术企业163家。2015年，规模2亿元的海尔海立方创业基金和5000万元的蓝贝青苹果天使基金投入运营。举办了全球青年创客领袖“创新创业创客”论坛和首届“青岛创客节”，盘谷创客空间荣获“全国青年创业示范园区”“青岛市科技企业孵化器”“青岛市首批众创空间”等荣誉称号。与海尔集团共建“海立方”众创空间，与清华大学、山东大学共建大学生创业实践基地。与以色列合作建设青岛柏科中以科技孵化器、英飞尼迪路演中心，与硅谷华人孵化器“幼发拉底”建立合作关系，与德国史太白大学达成合作意向。

（四）打造科技成果转化服务平台

青岛高新技术产业开发区始终将科技成果转化作为科学技术实现生产力发展的重要途径，大力促进科技成果在高新技术产业开发区内落地，推动相关产业转型升级。

1. 与青岛市科技局共建青岛技术交易市场

2013年10月，经与青岛市科技局科技工作会商，青岛市在高新技术产业开发区成立青岛技术交易市场，通过打造“一网一厅一校一基金”的发展平台，创新科技成果转化技术转移机制，鼓励社会上开展技术转移服务工作的机构和个人参与其中。青岛技术交易市场获得科技部的高度认可，先后荣获“国家技术转移示范机构”“国家海洋技术转移中心”“国家科技成果转化服务示范基地”等6个国家级称号。

2. 指导院所和企业广泛开展成果转化活动

每月组织园区内引进科研院所和相关企业在技术交易市场开展成果对接会、产品发布会等活动，邀请青岛市技术转移机构和技术经纪人参与，推动技术成果的转让与应用。指导科研院所和企业通过蓝海技术交易网进行科技成果挂牌交易。仅青岛市光电工程技术研究院一家科研院所，2015年挂牌成交技术成果23项，实现技术交易额827.6万元，在2015年10月的青岛国际技术转移大会成果拍卖会上，青岛市光电工程技术研究院“船舶污染气体排放在线监测技术”项目成为标王，以300万元价格成交。

（五）推进国际科技成果转化

与德国史太白大学签署共建国际技术转移中心协议，筹备“海立方”众创空间与德国史太白大学签约共建中德孵化器，中澳合作首家“伊士顿电梯工程学院”落户。与韩国签订中韩国际石墨烯创新合作框架协议，与澳大利亚联合共建中澳研究院，全面开展与美国、欧盟、加拿大、以色列等国家和地区的30余个重点合作项目，初步形成国际产业转移和承接平台。

二、制约科技成果转化工作的主要问题分析

（一）部分企业科技创新资金投入不足

有的企业小富即安，墨守成规，对科技创新不够重视；有的企业担心风险，

忽视高新技术成果转化的高回报性；有的企业则因为融资困难，投资乏力。青岛高新技术产业开发区将鼓励和引导企业、社会资本对科技成果转化的投入同时加快筹备建立科技风险投资基金，解决中小企业融资瓶颈。政府将进一步加大对科技成果转化的投入，设立并逐年增加促进科技成果转化专项资金。

（二）科技成果转化的服务体系不够健全

青岛高新技术产业开发区虽然有青岛技术交易市场等多家以促进科技成果转为宗旨的科技中介机构，但相对于青岛高新技术产业开发区经济快速发展及产业结构调整对科技成果转化的需求来说，科技中介机构的数量少、服务能力弱，针对性、专业性不强，网络化、专业化、规范化的科技服务体系亟待进一步完善。

第二节　淄博高新技术产业开发区

按照淄博市的城市功能建设定位，在淄博高新技术产业开发区的区域范围内还没有高校和独立性质的科研院所。现有的科研机构主要依附于企业的创新需求进行建设。经过 20 余年的发展，以企业为主体、市场为导向、产学研相结合的技术创新体系逐步完善。企业已经成为高新技术产业开发区科技创新的主体，根据淄博高新技术产业开发区统计数据，截至 2018 年，高新技术产业开发区内有高新技术企业 145 家，占淄博全市高新技术企业总数量的 37.86%，成为高新技术产业开发区科技创新和经济发展的主要力量。淄博市积极支持企业研发中心建设，高新技术产业开发区拥有国家级企业技术中心 3 家、省级企业技术中心 23 家。企业研发机构已经成为高新技术产业开发区重要的技术创新中心、科技成果转化中心和高素质人才集聚中心。围绕支柱产业及战略性新兴产业的创新发展需要，组建了高新技术产业技术创新战略联盟。高新技术产业开发区共获批联盟40余家，其中国家级联盟1家、省级联盟3家。

一、推进科技成果转化的主要做法

针对高新技术产业开发区的实际情况，淄博高新技术产业开发区科技部门对科技成果转化的管理主要侧重四个方面：①完善科技政策体系扶持；②加强对区内企业产学研工作的引导；③加快科技孵化器建设；④创新“研究院+公共技术服务平台”合作模式；⑤重视技术转移机构建设。

（一）完善科技政策体系扶持体制机制

近年来，高新技术产业开发区先后制订了《关于推进人才管理改革试验区建设加快集聚高层次人才的若干政策意见》《淄博高新区关于鼓励科技创新创业若干政策的规定》《关于推动产业升级实现跨越发展的若干政策意见》《淄博高新区科技创新券管理办法》等一系列吸引人才聚集、支持创新创业、提升产业发展、引导企业科技投入的政策措施，建立了立体化、全方位的政策支持体系。高新技术产业开发区财政用于科技创新奖励和资助的资金逐年增加，从2009年的1000万元增长到2018年的近6000万元。根据《淄博高新区关于鼓励科技创新创业若干政策的规定》，加大对科技服务业发展的扶持力度，主要包括对认定为国家、省级孵化器的给予100万元、50万元的扶持；鼓励设立技术转移中心，并给予30万元运行经费扶持；发挥共建研究院及海外孵化器的服务功能，对研究院工程转化项目给予30万～100万元扶持，对入驻海外孵化器给予房租补贴等优惠待遇。

（二）加强对区内企业产学研工作的引导

大力实施“151”产学研合作推进计划，截至2016年5月，区内142家企业与107家高校、科研院所实施产学研合作项目275项，共建研发机构38家。

共建研发机构依托单位都是国内外著名的高校和科研院所，所依托的实验室也都具有较强研发能力和高素质的研发团队，在所属行业具有较大影响。

截至2016年5月，该计划共引进各类创新创业人才900余人、创新团队86个。其中，在站院士23名、国家“千人计划”专家12名、山东省“泰山学者”专家14名、博士及以上高层次人才300余人，初步形成了以国家“千人计划”、山东省“泰山学者”为引领、各类创新创业专业人才为支撑，结构不断优化的人才梯队。

通过产学研合作聚集了一批高科技企业。为了便于高校科研成果的转化，一批高校专家团队在高新技术产业开发区成立了企业，这些企业的科技含量高，发展迅速，成为高新技术产业开发区新的增长极。

（三）加快科技孵化器建设

按照孵化器+加速器模式，形成了“一综合多专业、国内海外互动”的科技孵化格局，初步构建了研发中心、孵化中心、产业化示范中心、人才培育与科技交流中心、科技成果展示中心、公共技术服务平台和科技创新创业服务体系的“五中心一平台一体系”的功能体系。

截至2016年，高新技术产业开发区投资30余亿元，先后建设了1个综合孵化器——淄博高新技术创业服务中心；建设了5个专业孵化器——先进陶瓷、生物医药、精细化工和高分子材料、先进制造、电子信息创新园。此外，高新技术产业开发区还积极实施“科技创新走出去、引进来”战略，建设了3个海外孵化器——淄博瀚海硅谷生命科学园、淄博瀚海慕尼黑科技园和台湾齐鲁科技园。其中淄博高新技术创业服务中心、生物医药创新园、电子信息创新园、先进陶瓷创新园、精细化工和高分子材料创新园5个孵化器均为国家级科技企业孵化器。2014年和2015年，淄博高新技术产业开发区连续两年举办了中国创新创业大赛新材料行业总决赛，营造了浓厚的创新创业氛围。截至2018年，高新技术产业开发区拥有国家级科技企业孵化器5家，各类科技孵化器总面积达110余万平方米，入驻企业及机构500余家，入驻率达80%以上，各类孵化器累计毕业企业近200家。

（四）创新"研究院+公共技术服务平台"合作模式

为了弥补科技研发资源匮乏的短板，淄博高新技术产业开发区高度重视引进高校、科研院所在淄博市共建研究院，依托各产业创新园，高新技术产业开发区与国内相关领域优势院校合作共建了山东大学淄博生物医药研究院、淄博高新技术产业开发区MEMS研究院、天津大学山东研究院、武汉理工大学淄博先进陶瓷研究院、北京科技大学山东金属材料研究院、武汉科技大学淄博耐火材料工程研究院和山东工业设计研究院 7 家产业技术研究院，与乌克兰巴顿焊接研究所成立了淄博等离子技术研究院。

同时，淄博高新技术产业开发区采用"研究院+公共技术服务平台"共建的模式，取得了较好的成效。例如，"天津大学山东研究院"由淄博高新技术产业开发区管委会与天津大学合作建设，主要功能定位为公共技术服务平台的建设和运营、高等防火墙校技术成果在地方的转化、工程化研究和地方实用人才培养等，主要由分析测试中心、公共实验室、中试基地、专项研发课题组等组成。该研究院紧紧围绕高新技术产业开发区内新材料、精细化工等重点产业领域与区内企业合作设立研发机构或校内研发机构的分支机构，引导天津大学高层次人才在高新技术产业开发区内设立院士工作站、博士后工作站等创新平台，为高新技术产业开发区内企业提供智力支持。天津大学"高分子量聚醚大单体的合成及应用"等10余个项目在高新技术产业开发区转化，新成立的这些研究院参股企业有 5 家；与傅山集团合作研发的尾矿石提取高纯钛项目已经基本实现产业化，产生经济效益数百万元，其他附加值很高的尾矿料提取稀贵金属项目也将逐步实现产业化。

（五）重视技术转移机构建设

积极发展和构建了多层次的技术转移服务体系，加速促进科技成果的转移转化。为促进区域自主创新能力的提高，破解创新资源不足的发展瓶颈，加速高校、科研院所科技成果在高新技术产业开发区的转化，高新技术产业开发区先后与中国科学院沈阳分院、上海交通大学建设了中国科学院沈阳分院淄博转化中心和上海交通大学淄博先进材料联合研究中心，与国家磁浮交通工程技术研究中心签署了共建淄博科技成果转化中心协议，2016 年又与英国纽卡斯尔大学共建了淄博技术转移中心。这些技术转移中心的建设，加快了高校、科研院所在高新技术产业开发区的成果转化速度，围绕人才、成果、项目三大主题，开展了一系列有益探索并取得了突出成效。

二、制约科技成果转化工作的问题分析

（一）针对科技型中小微企业的投融资体制不健全且资金不足

资金是科技成果转化的必备条件，转化链中的各环节都需要资金的投入，资金的可得性关系到成果能否顺利转化。针对科技型中小微企业的投融资体制尚不健全，成果转化投资本身具有一定的风险性，银行出于资金安全性的考虑而很少在项目研制阶段就提供资金支持。要想研发出符合应用的成果，需要紧贴市场需求，因此企业与高校、科研院所之间的合作必不可少。但是，资金的投入对合作双方都是绕不过去的。企业希望能用最低的投入来得到最好的研发成果，而任何成果的研发过程又难免是一个反复论证、多次试验的过程。在研发成功之前，需要持续的、大量的资金投入。某些情况下，即便投入了大量的资金与人力，也未必能研发出符合预期的成果。因此，科技型企业（尤其是初创期的小微企业）创业成本高，融资难度大，制约了科技成果转化效率的提高。

（二）技术市场不活跃，成果转化途径单一

技术市场不活跃，专门从事成果转化和技术转移的中介服务机构较少。绝大部分成果转化都是由企业在本单位内部自行转化，通过技术转移和交易方式实现转化的成果数量占比较小。科技成果转化途径过于单一，不利于科技成果快速向先现实生产力转化。同时，大多数的技术转移中介机构是一些从事过科技管理工作的企业离职人员、政府退休人员等组建的，缺乏了解技术供需、市场导向的专业型的技术经纪人。山东省内大多数的技术转移是由企业根据自身需求，在高校、科研院所里寻找合适的合作方进行合作研制，技术转移中

介机构起到的作用非常小。

（三）科技成果的评价机制尚需完善

科学成果评价体系比较单一，主要是成果鉴定，而科技主管部门已经取消了科技成果鉴定这项工作与要求，所以缺乏对科技成果的完整评价体系，造成科技成果在转移转化过程中难以准确定价。这在一定程度上也制约了科技成果的转化应用。

第三节 烟台高新技术产业开发区

烟台高新技术产业开发区以提高自主创新能力为核心，以发展高新技术产业为主线，加大知识产权保护力度，推进科技创新平台建设。烟台高新技术产业开发区发布数据显示，截至2018年，高新技术产业开发区先后与80余家高校、科研院所建立战略合作关系，引建科研院所及机构、国家级重点实验室、省级以上工程技术研究中心、企业技术中心等创新平台76个，建成中国科学院上海药物研究所烟台分所、中国科学院计算技术研究所烟台分所、中德工业设计中心等高端研发机构32家，获省级以上科技奖励13项。其中，获国家科学技术进步将特等奖2项，累计授权发明专利392件，发明专利申请量、授权量及增长率均居烟台市首位。

一、推进科技成果转化的主要做法

（一）强化政策保障，完善体制机制

围绕加快科技成果转化，先后出台了《关于吸引科研院所入区落户的优惠

政策》《烟台高新区科技创新发展资金管理办法（试行）》《烟台高新区科技信贷风险补偿资金管理暂行办法（试行）》《烟台高新区知识产权质押贷款管理暂行办法》《烟台高新区科技企业孵化器管理办法》《烟台高新区鼓励专利发明办法》等文件，更加明确了科技发展、科技成果转化的管理机制，为推动科技工作的快速发展奠定了基础。

（二）搭建转化平台，促进科技成果转化

1. 加强成果化转载体建设

烟台高新技术产业开发区先后建立了胶东汽车技术现代服务平台、航空航天新型材料应用及紧固件产业战略联盟、烟台中科网络技术研究所、山东航天电子技术研究所等十余个用于服务科技成果转化的载体。

2. 创建孵化机构以促进科技成果转化

烟台高新技术产业开发区山东国际生物科技园发展有限公司、烟台高新区科技创业服务中心、烟台市大学生创业园、烟台高新区中俄科技园都已经获批国家级孵化器，为初创期的科技型企业构建良好的发展空间。着力完善包括风险投资、创业投资等在内的多元化投融资保障体制，围绕科技型中小企业发展态势和方向，加快建立融资担保、贴息等制度和机制，积极推动多元化资本市场的建立。

（三）重抓项目实施，切实开展产学研合作

深化与国内外知名高校、科研院所的联系对接，加快推进烟台北航科技园、西安电子科技大学产业集团烟台产业园、同济烟台转化医学研究院等一批产学研合作项目。加快推进中国科学院上海药物研究所烟台分所、航天金宇航空装配机器人研发中心、国家级光导工程技术中心等高端科研院所和企业研发中心建设。完善产学研合作信息库，构建专业化、网络化、多功能的科技创新服务平台。

二、制约科技成果转化工作的问题分析

(一)科技创新意识薄弱,转化力度有待提高

这方面主要包括:

(1)科技成果引进数量少、质量低、推广速度慢。

(2)高新技术企业数量少且效益不高。部分企业满足于既得利益,不想应用科技成果,缺乏敢为人先、勇于冒险的创新精神,致使科技成果转化为现实生产力的力度不强,科技对县域经济的拉动作用不明显。

(二)科技投入尚显不足,科研成果不甚明显

虽然高新技术产业开发区非常重视科技成果的转化,科技投入逐年增加,但离经济社会发展对科技成果转化的需求还有一定差距。区内多数企业的技术科研能力受经费影响明显,企业在自主创新和成果转化上捉襟见肘,受市场的影响,导致机会成本和风险较高,制约和影响了企业科技成果转化的力度与积极性,企业尚未成为科技活动和科技成果转化的主体。在引进和推广一些市场前景较好的科技项目与新产品方面,企业由于缺乏资金也只能“失之交臂”。

第四节　潍坊高新技术产业开发区

潍坊高新技术产业开发区高度重视科技成果转化工作,紧紧围绕打造潍坊市“科技创新高地、科学发展引擎”主体功能定位,大力实施创新驱动发展战略,广泛开展科技成果转化活动,努力打通科技与经济结合的通道,着力促进科技成果转化,取得了显著成绩。根据2018年潍坊高新技术产业开发区国民经济和社会发展公报,2018年,全年完成地区生产总值480.22亿元、增长

7.9%；完成工业主营业务收入 992.09 亿元、增长 3.1%，固定资产投资增长 20.9%；完成公共财政预算收入 56.27 亿元、增长 13.4%；全区申请专利 4009 件，其中申请发明专利 1821 件，获授权专利 2511 件，其中获授权发明专利 641 件。全年技术合同登记 293 项，技术交易额 6.86 亿元。

一、推进科技成果转化的主要做法

（一）坚持政策引导

科技成果转化对于提高经济和社会效益，促进经济和社会的发展，增强区域核心竞争力，具有突出作用。

加大法制宣传力度，充分利用电视台、报纸、网络等新闻媒体，开展多种宣传、学习活动，着力开展《专利法》《促进科技成果转化法》《实施〈中华人民共和国促进科技成果转化法〉若干规定》《山东省促进科技成果转化条例》等科技法规的宣传教育，促使社会公众了解和学习科技成果转化知识，提升科技政策法规的普及率和知晓率，提高全社会对科技成果转化的认知程度。

优化政策措施，鼓励企业从技术创新角度入手，重视科技成果转化，加大科技成果转化力度，强化企业科技成果转化主体地位。制定了《加快实施创新驱动战略支持企业健康发展暂行办法》《加快新兴高端产业发展暂行办法》及其配套实施细则，将财政科技创新经费提高到 1 亿元，通过市场化、专业化、社会化方式，对创新创业企业、项目、人才、团队进行全方位扶持。

加大财政科技投入，设立 10 亿元的产业发展母基金、3.6 亿元的自动变速器产业基金，有效保障了潍坊蓝色智谷、山东省 3D 打印与先进制造创新服务平台等一批科技创新平台建设。与中国科学院合作建设潍坊国际技术转移中心，用于引进美国、德国、以色列等国家先进技术，全力支持企业参与国际科技创新、学术交流和品牌创建。

（二）搭建转化平台

潍坊高新技术产业开发区大力实施政产学研创新工程，强化招院引所、招才引智，引进了北京大学、清华大学、中国科学院、机械科学研究总院集团有限公司、山东信息通信技术研究院等一批科研院所、高端人才，集聚了一批高端创新要素。

1. 提升科技服务水平

围绕构建“研发-孵化-加速-产业化”的科技服务体系。根据潍坊高新技术产业开发区统计数据，截至2018年，潍坊高新技术产业开发区建成5个国家级、9个省级科技企业孵化器。省级及以上备案众创空间16家（其中国家备案7家），孵化加速总面积达到110万平方米，累计孵化各类企业近1000家。建成了潍坊现代中介服务孵化器，拥有信息交流、咨询评估、检验检测、技术交易、法律服务、信用担保等中介机构120家，技术交易服务中心被科技部认定为国家级技术转移示范机构。加快引进管理、营销、研发总部及分支机构，已经引进和聚集各类总部及分支机构100余家，总部经济税收比重达到55%以上。以潍坊蓝色智谷为平台，加快建设中国（潍坊）创新创业孵化示范基地，进一步提升蓝色智谷与“两校一院”在人才、科技、金融、创业、政策等方面的合作层级，着力打通成果鉴定、评价、论证、推广、应用的产业化链条，为潍坊市乃至山东半岛区域提供高科技项目储备、关键技术攻关服务。

2. 构建科技创新平台

根据潍坊高新技术产业开发区统计数据，截至2018年，潍坊高新技术产业开发区已建成14个省级以上孵化器、9个公共技术服务平台、268个市级以上企业研发中心、18个产业技术创新战略联盟、13个院士工作站、7个博士后科研工作站，正在建设中科曙光大数据（潍坊）中心、北斗导航位置综合运营服务平台。

3. 整合全区能够对社会开放资源

使用的158台设备、12个实验室，建成重大关键通用仪器设备和实验室数据共享平台，实现信息资源市场化共享。

4. 加强高端人才引进和培养

根据潍坊高新技术产业开发区发布统计数据，截至 2018 年，潍坊高新技术产业开发区已经培养引进国家“千人计划”专家 33 人、“万人计划”专家 6 人、山东省“泰山学者”、山东省“泰山产业领军人才”53 人、潍坊市高层次人才 61 人、海外高层次人才 400 余人，是首批国家创新人才培养示范基地。

5. 支持企业开展国内外技术交流

潍柴动力股份有限公司、歌尔股份有限公司、盛瑞传动股份有限公司等企业设立 30 余处海外研发中心，加快海外先进技术国产化进程，潍柴动力股份有限公司、潍坊力创电子科技有限公司、潍坊赛马力发电设备有限公司 3 家公司联合研发的大功率燃气发动力电控和喷射系统达到国际领先水平。

（三）突出企业主体地位

科技成果只有通过转化，才能实现其价值。企业是成果转化的主要力量。潍坊高新技术产业开发区全力支持大企业技术创新、成果转化，加快培育高成长性科技中小型企业，形成以潍柴动力股份有限公司等一批龙头骨干企业为引领，山东华滋自动化技术股份有限公司、潍坊胜达科技股份有限公司等 200 余家中小企业链式聚集的企业群体。2018 年，潍坊高新技术产业开发区高新技术企业发展到 196 家，省级以上创新型企业 21 家。

（四）深化科技合作

潍坊高新技术产业开发区基于创新全球化视角，不断创新科技合作模式，大力推动科技成果转化，主动参与国内外经济、科技与产业竞争，努力打造区域科技合作示范区。

1. 搭建三大合作平台

搭建使领馆平台，统筹驻外使领馆和外国驻华使领馆资源，与驻波兰及巴西驻华使馆等建立起良好关系，建立了长期合作机制；搭建上级业务部门和高校平台，与外交部、清华科技园、美国俄勒冈州立大学等建立起良好的沟通机制，为潍坊高新技术产业开发区宣传推介、引进项目；搭建商协会和侨商平台，与美国佐治亚州青岛代表处、法国卢瓦尔大区中国代表处、美中硅谷协会等境内外机构、商协会和美国、德国、以色列等国的重点侨商建立了合作关系。

2. 联建启用三大科技园

2015 年，依托蓝色智谷，重点引进的清华大学、北京大学、中国科学院三大科技园全部开园启用。依托以上三大科技园，共举办各类创新创业培训活动 50 余次，培训人数超过 6000 人次，举办创业活动 4 次，邀请全国 60 家企业与潍坊高新技术产业开发区达成 40 余个投资意向。全年共引进并培育企业 87 家，储备重点项目 60 余项，转移转化科技成果 20 余项，引进博士及以上创新创业人才 20 名，重点培育了 20 余个项目。

3. 走出了三条国际科技合作路径

以潍柴动力股份有限公司为代表的海外资本重组和企业并购路径为企业带来了重大发展。

4. 实现产学研合作高端突破

与欧美技术合作实现重大突破，促进区内龙头骨干企业资金和市场优势与欧美发达国家技术与人才优势相结合。中奥联合研制的 WP9 柴油机已经完成样机开发和部分试验工作、中德联合研制的 WP7 欧 VI 柴油机已经通过英国 VCA 欧Ⅵ排放认证、中法合作开发的“M26 系列大功率节能环保型高速柴油机”完成样机开发、中俄共同开发的生物质发电成套设备项目已经完成计算机模拟设计与论证、中英“带启停功能乘用车自动变速器”已经完成样机开发和实验。同时，中美“LOR 胶”、中美“3D-UV 浮雕标识打印设备”等重大国际科技合作项目顺利开展实施，技术水平达到国际先进水平。广泛拓展国际科技合作渠道，积极建立与以色列、日本、韩国等国家的科技合作。

（五）加强金融支撑

围绕科技成果转化和高新技术产业化，加快打造区域金融资源聚集区和金融创新引领区，投资 18 亿元建成 26 万平方米的科技金融园区，截至 2016 年 5 月，聚集各类金融机构 147 家。设立 1 亿元政府创投引导基金，与鲁信创投合作成立的潍坊鲁信厚源创业投资基金投入运营，获批科技部首期 2500 万元引导基金扶持。运用挂牌上市、发行债券、产业链融资等多种融资方式，扩大企业直接融资规模。建立“过桥还贷基金”制度，鼓励金融机构创新、金融产品创新和金融模式创新，与金融机构合作推出中小企业履约保证保险、信用贷款、“新三板”股权质押贷款等创新业务，争取人民银行再贷款，截至 2016 年 5 月，为 70 余家企业融资 4 亿元。

二、制约科技成果转化工作的问题分析

（一）企业研发意识不足

高新技术企业和大部分中小型科技企业自主创新意识较强，在科技研发上舍得投入，但是有些企业对科技创新及成果转化的意义认识不到位，只重视规模的扩张和眼前的经济效益，不愿冒风险研发。也有一些企业受社会创新氛围影响，在政府优惠政策支持和引导下，建立起了研发团队，但是研发过程较为被动，自身不愿投入太多的资金从事研发。

（二）科技成果转化经费紧张

受经济下滑形势影响，部分中小企业的发展陷入困境，在自身经营和生存都存在问题的情况下，企业无暇顾及科技研发和成果转化。企业作为科技研发投入的主体，由于其投入的研发经费总量严重不足，会导致用于科技成果转化的经费也相对不足。

（三）科技中介服务市场不发达

科技成果从产生到实现市场价值是一项系统工程，涉及面广。技术市场作为科技成果转化为现实生产力的主渠道之一，能够起到科技与经济结合的桥梁作用。现有的技术市场和中介服务机构存在规模偏小、数量少、复合型高素质专业人才匮乏、交易活动不活跃等问题，不能满足诸多产业发展的需求。由于缺乏有效的科技成果转化信息发布平台和科技中介服务机构，企业与拥有成果的高校、科研机构信息沟通渠道较少，难以实现科技成果的商品化、产业化。

参考文献

陈红喜，施雯，戴书春. 2015. 建设“政产学研金介”协同创新的江苏技术转移体系策略研究. 黑龙江科学，7：306-307.

陈兰杰. 2008. 国内外高校科技成果转化模式比较研究. 工业技术经济，3：53-56.

陈俐. 2016. 英国促进科技成果转移转化的经验借——以国家技术创新中心和高校产学研创新体系为例. 科技进步与对策，7：9-14.

陈晓芳. 2012. 科技成果评价体系分析. 中国高校科技，1：31-32.

丁明磊，周密. 2012. 德国私营技术转移机构的营运模式及其启示：史太白技术转中心的经验借鉴. 科技进步与对策，23：21-23.

方维荣，卢宝良. 2001. 高校科技成果转化难问题的原因与对策. 华北电力大学学报，1：90-92.

付岩. 2017. 发达国家科研创新机构科技成果转移转化的特点及启示——以德国弗劳恩霍夫应用研究院和日本科学技术振兴机构为例. 中国科技资源导刊，5：97-103.

葛章志，宋伟，万明. 2015. 促进科技成果转化政策发展趋势分析. 中国高校科技，1：116-119.

龚建立，闰海燕，等. 2001. 高校科技创新能力与区域经济的互动关系探讨. 科技与管理，12（4）：76-79.

龚旭. 2006. 同行评议公正性的影响因素分析. 科学研究，6：121-124.
顾云松，钟甫宁，刘晓玲. 2006. 南京市高校利用创业投资转化科技成果问题的实证研究. 科学学与科学技术管理，6：32-36.
郭强，夏向阳，赵莉. 2012. 高校科技成果转化影响因素及对策研究. 科技进步与对策，6：151-153.
胡昌送，卢晓春. 2007. 浅析英国产学研结合的历史沿革及其发展趋势. 职业时空，4：36-37.
黄见丽，吴明阳. 2005. 中国大学科技园发展问题的对策研究. 科技与管理，2：142-144.
黄黎. 2017. 浅析德国史太白技术转移中心运作模式及启示. 湖北第二师范学院院报，34（10）：69-71.
霍国庆. 2016. 我国科技成果转移转化的根本症结及其解决策略. 智库理论与实践，2：119-125.
江永真. 2007. 福建省科技计划评估体系研究. 科学学与科学技术管理，4：13-14.
康德宝. 2007. 高校科技成果转化中技术经纪人的作用及转化机制研究. 研究与发展管理，5：138-142.
孔祥浩. 2006. 高校科技成果转化战略研究. 科学与管理，5：64-66.
李炳安. 2012. 产学研合作的英国教学公司模式及其借鉴. 高等工程教育研究，1：58-63.
李殿君. 2016. 浅析江苏“40 条政策”对科技成果转移转化的促进作用. 价值工程，35：74-75.
李冉，刘漩华. 2009. 广东省科技成果转化评价指标体系的构建. 特区经济，4：12-13.
李玉梅. 2005. 高校科技成果转化激励机制分析. 科技和产业，3：40-42.
李玉清，田素妍，高江宁，等. 2014. 德国技术转移工作经验及借鉴. 中国高校科技，10：56-58.
梁小挥. 2009. 高校科技成果转化问题与对策. 合作经济与科技，6：4-5.
林洪，盛建新，牛婧红，等. 2014. 技术转移机构服务模式与服务类别比较研究. 科技进步与对策，12：50-53.
刘君. 1999. 关于高校科技成果转化的探讨. 科技与管理，3：60-61.
刘志辉，唐五湘. 2006. 新时期政府在科技成果转化中的作用. 科学学与科技管理研究，3：

28-31.

刘志迎，谭敏. 2012. 纵向视角下中国技术转移系统演变的协同度研究——基于复合系统协同度模型的测度. 科学学研究，4：534-542.

刘治平. 2006. 发达国家科技成果转化机制初探. 科技与管理，2：93-96.

罗良忠，史占中. 2003. 美国硅谷模式对我国高科技园区发展的启示. 山西财经大学学报，4：36-40.

马宁，王寒风. 2015. 政府在科研院所科技成果转移转化作用中的案例研究——以苏州、宁波为例. 现代交际，5：143-145.

马荣荣. 2017. 关于加大扶持科技成果转移转化示范区建设的建议. 中国科技产业，3：34.

宁波市科技局. 2016. 国家科技成果转移转化示范区缘何花落宁波. 宁波通讯，11：21-22.

齐菲. 2005. 山东省加快科技成果转化的对策. 科学与管理，5：22-23.

曲福田. 2017. 健全机制，搭好平台，全面推进苏南国家科技成果转移转化示范区建设. 中国经济导刊，4：35-37.

任晶燕. 2011. 基于政府角度分析我国高校科技成果转化的问题及对策. 科技管理研究，4：87-90.

石善冲. 2009. 科技成果转化评价指标体系研究. 科学学与科学技术管理，6：31-33.

宋东林，付丙海. 2010. 再论我国高校科技成果转化——借鉴美国、加拿大等国家经验. 科技管理研究，8：18-21.

宋琪，刚家斌. 2002. 技术成果资本化运行机制初探. 科技人才市场，6：16-17.

谈毅. 2007. 中国科技评价体系的特点、模式及发展. 科学学与科学技术管理，5：15-18.

唐云锋，李侠. 2004. 论我国科技政策评估体系中存在的问题. 科技管理，9：55-60.

田闯. 2010. 弗劳恩霍夫模式及其对我国科技体制创新的启示. 科技哲学，1：170-173.

汪良兵，洪进，赵定涛. 2014. 中国技术转移体系的演化状态及协同机制研究. 科研管理，5：1-8.

王瑞丹. 2004. 优化科技成果转化的政策性机制研究. 中国行政管理，6：29-32.

王雪平，云涛，曹洋. 2006. 我国科技中介组织运作机制的现状与创新研究. 科技管理研究，10：58-60.

吴飞鸣. 2016. 美国科技成果转移转化的评价及估值机制简析. 全球科技经济瞭望，12：45-

49.
吴卫红，董诚，彭洁，等. 2015. 美国促进科技成果转化的制度体系解析. 科技管理研究，14：16-20.
谢霞. 2016. 打通科技成果转移转化“最后一公里”——看企业如何实践“宁波模式”. 宁波通讯，21：27-28.
谢作渺，姜彦福，林强. 2007. 我国科研体制评价体系的建立与评价. 科学学与科学技术管理，5：11-14.
解磊，周进生. 2008. 国外科技成果评估现状及趋向. 科技资讯，35：208-209.
徐兰，徐婷. 2017. 基于四位一体的德国技术转移体系对我国科研发展的启示研究. 科技与管理，1：43-48.
徐鹏杰. 2010. 高校科技成果转化机制的创新. 经济导刊，9：42-43.
许红，钱怡. 2007. 技术创新是促进高校科技成果转化的关键. 科技信息，33：462.
杨国梁. 2011. 美国科技成果转移转化体系概况. 科技促进发展，9：87-93.
叶灵杰. 2016. 需求导向下加速浙江科技成果转移转化的对策建议. 经济师，3：158-159.
岳鹄，易露霞. 2010. 高校科技成果转化的障碍因素分析与改革思路研究. 当代经济，6：92-94.
张士运，刘彦蕊. 2013. 德国史太白技术转移网络的发展经验与政策启示. 中国科技论坛，3：145-149.
张士运. 2014. 技术转移体系建设理论与实践. 北京：中国经济出版社.
张素. 2016. 中国启动建设国家科技成果转移转化示范区. 市场信息，5：23.
张新生. 2005. 促进高校产学研和科技成果转化为社会生产力的研究. 科技与管理，3：130-133.
周克刚. 2005. 加快高校科技成果转化的对策探讨. 湖南大学学报，3：54-56.
周颖. 2008. 同行评议中的利益冲突分析与治理对策. 科学研究，5：298-502.
Friedrichs S. 2011. Steinbeis1983-2008. Stuttgart：Steibbeis Edition.
Ntarakumnerd P，Charoenporn P. 2015. Impact of stronger patent regimes on technology transfer：the case study of Thai automotive industry. Research Policy，44（7）：1314-1326.
Ohnson A. 2011. Managing university technology development using organizational control

theory. Research Policy，40（6）：842-852.

Ren D，Song W，Ni Y. 2017. Study on the scientific and technological transformation mechanism in universities. Open Journal of Social Sciences，5（6）：271-285.

Whitchurch C. 2014. Reconstructing identities in higher education：the rise of third space professionals. Perspectives：Policy and Practice in Higher Education，1：32-33.

